L'AGRICULTURE

S'INSTALLANT AU PALAIS DE L'ÉLYSÉE-NAPOLÉON

S'ÉMANCIPANT, SE RÉHABILITANT

PAR SON MINISTÈRE SPÉCIAL

Par sa Banque à elle et par elle

ORGANISANT UNE PRESSE LIBÉRALE INDÉPENDANTE

ELLE VA D'ABORD ARRACHER LE SEL DES GRIFFES DU FISC, EN ATTENDANT QU'ELLE RENDE LIBRE LA PRODUCTION DU SOL, LA CONSOMMATION ALIMENTAIRE, EN PRÉSENTANT UNE LARGE COMPENSATION AU TRÉSOR;

ELLE VA EXÉCUTER PAR ELLE-MÈME, SANS L'ÉTAT, EN ENTIER ET AVEC RAPIDITÉ, LES GRANDS TRAVAUX DE CHEMINS DÉPARTEMENTAUX, VICINAUX ET RURAUX, ENDIGUEMENTS, CANALISATION, ETC., ETC.; — ELLE VA RENDRE LES COMMUNES A ELLES-MÊMES, SE SUFFIRE D'ELLE-MÊME. ET ENTRETENIR L'ÉTAT, LOIN DE RECOURIR A LUI.

PAR P. GOSSET

PARIS

IMPRIMERIE PARISIENNE L. BERGER

26, BOULEVARD BONNE-NOUVELLE, IMPASSE BONNE-NOUVELLE, 3.

—

1868

TABLE DES MATIÈRES

L'AGRICULTURE

S'INSTALLANT AU PALAIS DE L'ÉLYSÉE-NAPOLÉON

S'ÉMANCIPANT, SE RÉHABILITANT

PAR SON MINISTÈRE SPÉCIAL

Par sa Banque à elle et par elle

ORGANISANT UNE PRESSE LIBÉRALE INDÉPENDANTE

ELLE VA D'ABORD ARRACHER LE SEL DES GRIFFES DU FISC, EN ATTENDANT QU'ELLE RENDE LIBRE LA PRODUCTION DU SOL, LA CONSOMMATION ALIMENTAIRE, EN PRÉSENTANT UNE LARGE COMPENSATION AU TRÉSOR ;

ELLE VA EXÉCUTER PAR ELLE-MÈME, SANS L'ÉTAT, EN ENTIER ET AVEC RAPIDITÉ, LES GRANDS TRAVAUX DE CHEMINS DÉPARTEMENTAUX, VICINAUX ET RURAUX, ENDIGUEMENTS, CANALISATION, ETC., ETC. : — ELLE VA RENDRE LES COMMUNES A ELLES-MÈMES, SE SUFFIRE D'ELLE-MÈME, ET ENTRETENIR L'ÉTAT LOIN DE RECOURIR A LUI.

« Indépendant suis. — Indépendant veux rester.
« Ne faire la course ni aux honneurs ni aux profits.
« Obéir à sa conscience. »
Telle doit être la devise de tout honnête homme.

Nuls, EXCEPTÉ MOI, ne sauraient se faire une idée exacte de l'abaissement des esprits, des intelligences en général, et surtout en les hautes régions, pour ce qui est des intérêts du sol, de l'agriculture ; ces intérêts de premier ordre sont refoulés à l'arrière-ban, précipités dans les bas-fonds. Là est le gros péril de l'époque, c'est le point noir le plus obscurcissant : les guerres, les pestes ne seraient rien à côté des calamités que cela nous promet.

Persuadé que je suis qu'il y a moyen *encore* de refouler, étouffer ce monstre envahisseur, je viens compléter l'exposé de ma mission de *régénérateur ;* et je réclame comme premier moyen d'action, comme ressort le plus énergique, la constitution d'un *ministère direct, spécial,* par l'action duquel nous arrêterons le torrent du mal.

Voici ce que je présente avec assurance, autorité même :

Rien ne saurait être trop beau, rien ne sera trop digne pour notre agriculture.

C'est pour cela qu'en la dégageant, alors que nous *l'isolons,* en lui donnant son foyer domestique, nous l'installons de prime abord dans le palais de *l'Elysée-Napoléon,* monument national destiné jusqu'à ce jour aux exceptions, à l'apparat, l'un des joyaux de la couronne, à l'entretien lourd, et cependant abandonné aux souris, aux rats, dans les vastes galeries duquel l'arraignée file en paix sa toile, alors qu'ailleurs on est à la gêne.

Transporter là l'agriculture, c'est l'élever sur le plus haut piédestal, c'est déployer son drapeau au sommet, c'est la mettre au devant des yeux de la nation entière, de tous les pays, c'est l'implanter dans tous les esprits, lui ouvrir tous les cœurs, etc.

L'Empereur a fait inscrire à la base d'un morceau de sculpture représentant l'Agriculture, ces mots : « *La France impériale protége l'agriculture.* » Ceci est trop prétentieux et n'est justifié par rien ; au contraire, et ce morceau d'art est flanqué sur un toit.

Un empereur même doit d'abord honorer l'agriculture; et le chef de la famille impériale aura largement mis en honneur l'agriculture alors qu'il l'aura installée dans un des brillants palais que la nation a laissés à sa disposition. C'est un moyen précieux pour payer sa dette de reconnaissance au contingent de huit millions de voix lors d'un scrutin mémorable.

Ce monument est convenable à tous égards. Il est heureusement situé ; il a des bâtiments importants, des terrains libres très-considérables. Nous pourrons même donner là un foyer provisoire à notre caisse des prêts à l'agriculture par la capitalisation de l'épargne, qui va devenir aussi foyer d'émission fiduciaire tout agricole.

Cette destination nouvelle, la plus brillante et honorable, ne retirera rien des souvenirs historiques attachés au palais de l'Élysée. Nous enrichirons l'ornementation de quelques compositions d'art tirées des attributs de l'agriculture.

La France pourra, comme par le passé, exercer une brillante hospitalité envers les nobles hôtes qui la visiteront : elle a les deux pavillons attenants aux Tuileries ; elle a le palais du Luxembourg, elle a le palais du Louvre, elle a le palais de la Présidence du Corps législatif, hors session ; elle a les châteaux impériaux ; et nous prenons possession sous toutes réserves, le plus grand avenir s'ouvrant devant nous.

Et que l'on ne s'y trompe pas, le *Ministère de l'agriculture*, est de sa nature, le plus considérable de tous par ses attributs, par ses influences économiques, politiques, etc.

Que l'on en juge :

Voici une nomenclature spéciale faite par un journal spécial (*l'Agriculture*, par J.-A. Barral) :

« Bien souvent les agriculteurs ont demandé que l'administration des forêts ne fût pas distincte de l'administration de l'agriculture. Un de leurs vœux les plus souvent répétés serait qu'un ministère agricole spécial fût institué et embrassât réellement tout ce qui concerne l'exploitation du sol et la production des denrées végétales et animales. Les forêts seraient prises aux finances ; les haras n'appartiendraient plus au ministère de la maison de l'Empereur ; les chemins vicinaux seraient distraits du ministère de l'intérieur ; le service hydraulique, le drainage, la mise en valeur des communaux, les routes, n'appartiendraient plus au ministère des travaux publics ; la pisciculture maritime ne serait plus l'apanage du ministère de la marine, etc. Au lieu d'une direction de l'agriculture trop modeste, on aurait un ministère puissant. Avant que cet heureux temps arrive, il faut se contenter de ce que l'on a. »

Ce qui ressort de cet exposé, c'est d'abord que les attributs de la terre, du sol et des eaux, qui sont *attachés* à l'agriculture, sont divisés, coupés en cinq services divers. — Que d'abus, que de tiraillements, que de misères sortent de là !... Et pourquoi ces divisions ? pour satisfaire à des personnalités, à des vanités, à des cupidités.

Ce qui ressort ensuite de cette note, c'est que les hommes attachés à l'agriculture sentent bien le dommage que cause cette division, mais qu'ils n'osent l'indiquer que faiblement, isolément, sans retentissement.

Combien l'auteur de cette note fait voir et sentir la faiblesse de la presse agricole, qui se contente de soupirer et se résume par ces tristes paroles : « Avant que cet heureux temps arrive, il faut se contenter de « ce qu'on a. » — Ah ! quelle misère, quelle lâcheté *utile à constater!*

Eh bien, non, plus n'est possible de rester sous le joug; le moment est venu de le briser et d'arborer le drapeau sur son pavillon à soi : tout par soi tout pour soi.

C'est en franchissant cette première étape que l'on assure l'émancipation complète et durable de l'agriculture. Mais quel homme prendra cette initiative, et comment le trouver? Les uns disent : Il ne faut pas de tête à l'agriculture; livrons-là à elle-même, elle saura se diriger. D'autres disent : Que gagnerons-nous à changer? on nous donnera un avocat ou un danseur... et vous serez toujours à la remorque des autres.

A ces propos légers, irréfléchis, sortant des hommes aux demi-vertus, de demi-courage, — ceux-là sont les plus nombreux, les plus dangereux,—je réponds: Affranchissez-vous d'abord, ayez un pavillon, faites flotter votre drapeau largement déployé, et vous verrez ensuite.

Le mal de l'agriculture vient de deux causes : la première, c'est qu'elle n'a pas le sentiment de sa force; elle ne se doute nullement de la prépondérance qu'elle peut atteindre; elle est inerte, sans dignité.

La seconde tient à l'ignorance dans laquelle est l'Empereur du véritable état de souffrance dans lequel elle est plongée; et cette ignorance du chef de l'État, elle ressort clairement des paroles qu'il a prononcées le 5 janvier, alors qu'il a distribué quelques récompenses. L'entourage de l'Empereur le tient dans des sentiments de confiance en ce qui existe: on lui dit que administrativement, financièrement, économiquement, etc., etc., tout existe, tout va bien, tout suffit pour assurer la marche de l'agriculture, répondre de sa prospérité attendue. Et il le croit! — et la nation attend tout de son chef! — Fatal aveuglement, dangereux engourdissement !

C'est le bandeau le plus ténébreux à enlever à des yeux augustes. On ne peut faire ce miracle que par un coup *magique.* Et cela est tout d'abord dans la constitution d'un ministère spécial, le ministère de l'agriculture, du sol, des eaux et forêts, etc., etc.

Voilà trois ans que je présente ce système, mais je n'avais pas trouvé mon point d'appui, l'asile. Il me fallait songer à édifier. Que de temps, que d'argent pour cela! et où aller provisoirement? Or il faut une séparation brusque, éclatante, frappant les esprits, car là est le ressort qui fera échapper du fond de la boîte où elle est clouée *l'agriculture*, pour la faire rebondir à la surface, la mettre et maintenir en relief et sur le premier plan... A présent j'y suis; je tiens tout et rien ne me résistera.

Que de misères il m'a fallu entendre et souffrir sur les prétendues difficultés de cette séparation ! que de tristes réflexions sur les occupants et tenant bon! Combien de députés, de sénateurs, d'économistes m'ont dit des niaiseries, des absurdités à propos de la question budgétaire seulement. L'un disait qu'il faudrait doter un ministre de cent mille francs, et que bien mieux vaudrait en faire cadeau à l'agriculture; l'autre disait que le budget était hors d'état de supporter la plus petite surcharge et que là il s'en produirait beaucoup.

Eh bien ! de tout cela il ne sera rien. Le Trésor, matériellement et à l'état actuel, fera des économies, par cette seule et simple raison que l'agriculture, en brisant les liens qui l'enserrent, veut devenir elle, tenir tout d'elle, marcher à pas de géant par elle seule.

Donc plus d'inutilistes, de parasites, de dévorants ; plus de mendiants d'honneur, de profits stériles, plus de rémunérations sans services exacts, etc., etc.

Désormais l'agriculture tire sa ligne de conduite, s'apprécie, se juge d'elle-même, par elle-même; plus de protection factice, hypocrite : des faits, rien que des faits.

Les primes d'honneur, les coupes d'or, les concours régionaux ne sont plus du domaine de l'administration; tout doit être démocratisé, tous les mérites appréciés etc., etc. Plus de ces inspections de fantaisie par des fantaisistes : des juges naturels.

Donc l'Etat ne doit plus qu'honorer, tout attendre.

En fait d'économies à réaliser, je place en première ligne la subvention accordée à la Société impériale et centrale d'agriculture de France, dont le siége est à Paris. Ah ! pour celle-là, son inutilité est bien constatée ; — elle est à refondre en entier. — Elle n'aura directement rien apporté; elle aura été, en sa longue existence, courtisane, poltronne, exclusive et à fausse enseigne.— Et cela n'est pas ma simple opinion, c'est celle générale, celle même de beaucoup de ses membres, alors qu'ils s'expliquent familièrement dans le simple appareil du cabinet. Ils se reconnaissent croûtes, retardataires, étrangleurs des mérites... Ceci ne veut pas dire que les honorables soient dépourvus de mérite ; non, ce sont en général des puits de science, mais là la science est à l'état frivole, d'évaporation. Il semble que l'atmosphère de leur salle des séances les frappe d'incapacité, leur enlève l'énergie du cœur, la grandeur de l'âme etc , etc.

Le parti qu'ils ont mission de protéger, éclairer, est trahi de toutes parts. Coriolan est aux portes de Rome... Eh bien ! que font-ils en leur forum ? Ils discutent sur les amours du lièvre, du lapin ; ils protègent le *léporide*. Ils font venir des eaux du rocher de Jersey, et ils les distillent avec fracas pour constater leur *quantum* calcaire. Ils ne savent pas encore si le ver blanc détruit la taupe ou si c'est la taupe qui mange le ver. — Il y a un an, ils ont discuté plus de six mois sur le mérite d'un papier de circulation en pratique en l'île de Jersey, système tout à fait impraticable chez nous ; mais cela venait de l'étranger, et par cela c'était digne d'eux. — L'important des importants membres importateurs, M. Gareau, prétendait que cette imitation chez nous serait très-précieuse. Eh bien ! un mien ami, négociant en soieries, qui trafique en cette petite île, m'a dit au premier mot : *c'est le papier le plus dégoûtant que l'on puisse imaginer* ; nous n'osons le refuser, et il nous donne les plus grands ennuis ; chez nous ce serait une peste, etc.

Et ces illustres ont refusé toutes mes demandes de discussion sur le SEL appliqué à l'agriculture ; ils ont enterré toutes communications sur les banques de crédit ; ils ont accueilli parmi eux le maréchal Vaillant, et ils ont eu la pensée de s'en servir comme d'un instrument à obtenir des jetons de présence plus épais. — En effet, pourquoi pas ? Tout n'a-t-il pas augmenté ? Cette appréciation m'a été affirmée par les bulletins noirs en cette élection. Aussi bifferons-nous et la subvention et l'association.— Régénérer, purifier.

Terminons en constatant que cette société fournit à la commission d'enquête agricole un contingent de sept de ses membres, et qu'elle a quatre directeurs de journaux agricoles spéciaux observant la même règle de conduite, c'est-à-dire poltrons, nuls au même degré, ainsi que bon nombre d'économistes en renom. — Et pourtant rien de cela ne m'effraye.

J'ai déjà deux fois exposé cette critique, et j'ai vainement cherché un membre qui ait assez de dignité pour la dénoncer en séance. M. le secrétaire perpétuel refuse toute communication de lettres et notes qui intéressent la société en ses sentiments élevés.

J'espère que ce dernier trait percera la cuirasse, fera bondir les cœurs, irritera les esprits.

Eh bien! ce qui manque à toutes ces sociétés et comices, c'est l'indépendance, le sentiment de la dignité, du vrai mérite. Tout aussitôt que la digue aura été rompue, des flots d'intelligence déborderont ; alors les grandes discussions se produiront; nous aurons des hommes ; ils se réuniront pour être utiles à leurs compatriotes; ils ne tendront pas la main honteusement pour des jetons de présence ; ils feront par de larges cotisations les frais de leurs conférences, et ils en retireront des résultats immenses pour eux, pour tous. En cela il nous faut encore aller prendre des exemples en Angleterre, à la Société royale d'agriculture, qui puise toutes ses ressources, et elles sont énormes, dans les forces locales. Elle est le soutien actif de toutes les associations, et elle sait faire progresser partout l'agriculture. Nous avons aussi de bons exemples à puiser en Amérique et chez nos voisins les Belges.

De là la marche des comices, des concours régionaux sera rectifiée, redressée. Il y aura place et justice pour tous les mérites. L'émulation sera grande. La force productive sera accrue considérablement, et le trésor se gonflera, et la vie sera abondamment pourvue.

« En fait, le ministère, le ministre, sera le porte-drapeau, l'organe
« officiel du monde agricole, trop considérable, trop lié aux effets po-
« litiques pour n'être pas représenté dans les conseils de l'État. Il
« doit y occuper la première place. Ce sont surtout les traités in-
« ternationaux qui doivent lui être déférés. Rien n'est étranger à
« l'agriculture, puisqu'elle est tout.—Ce ministre doit être en relations
« directes avec ceux dont il représente les intérêts, lesquels sont eux-
« mêmes représentés par des délégués. »

C'est ainsi, et justement, nous le croyons, que nous traçons la ligne à suivre de celui parmi les praticiens qui va avoir l'honneur d'être appelé à représenter l'agriculture.

UN MOT SUR L'ENQUÊTE.— L'a-t-on entreprise avec bonne foi, et veut-on qu'elle aboutisse à quelque chose de sérieux? En ce cas, comment a-t-on pu croire qu'on pourrait procéder à une enquête sérieusement, sans admettre qu'on serait conduit à exercer une investigation importante, profonde, sur les actes passés découlant de l'administration et dont la responsabilité lui incombe? Comment l'administration a-t-elle pu croire, de son côté, qu'elle échapperait à tout contrôle et que, responsable du passé, l'avenir lui serait laissé sans jugement ni conditions. — Telle est cependant la conséquence de la mauvaise direction donnée à

l'enquête, que les hommes chargés du pesant fardeau du passé se soustrai-
raient à toute investigation, à tout blâme, et se croiraient libres arbitres
dispensateurs de l'avenir..... Ils ont pris en main la direction de cette
enquête; — ils mènent les enquêteurs, ils taillent, rognent, allongent,
reculent... Et on ne dit *rien, rien, rien!*

Messieurs, nous voyons dans ce laisser-faire, ce laisser-aller, un trop
grand péril, pour ne pas vous apporter notre faible mais bien énergique
protestation.

Nous avons signalé les fautes, les incapacités de ces hommes, nous
ne voulons pas qu'après avoir embourbé le char, ils y restent attelés.
— Leur devise est encore celle-ci : Périssent les colonies plutôt que
nous. — C'est là leur nœud gordien. — Eh bien! si on ne peut le dé-
nouer, il faudra le *trancher*. — Nous avons l'épée d'Alexandre.

Ils sont liés avec les vieux et accablants traités qui ferment nos vins
à l'étranger; — ils n'ont fait qu'à demi et en plagiaires le libre échange;
— ils ont fait chorus avec ces compagnies qui ont tout absorbé; — ils
ont cumulé en une seule main des services inconciliables; — ils ont
laissé en arrière et sur tous les points l'agriculture; — et pour combattre la cherté du pain, passée à l'état chronique, conséquence de l'appau-
vrissement de notre sol, ils n'ont su inventer que ce système de compensation en la capitale, système basé sur l'octroi, machine à attirer le
capital dans les caisses de M. le préfet, système faux, bâtard, fallacieux,
dont l'exception seule est une grave offense pour la nation.

Ah! ils dépensent en ce moment de grosses sommes pour arriver à
un grand résultat, celui de dénaturer le sel, et ils se sont constamment
refusés à dépenser un centime pour aider à protéger le blé contre ses
nombreux ennemis. — Ils n'ont à cet égard rien encouragé; — ils ont
tout fait pour laisser tomber d'épuisement et de déception les intrépides
chercheurs. — Ils ont dit de moi : Nous l'userons. Or, je le demande
ici : m'ont-ils usé? — Mais ils en ont tué tant d'autres.

Eh bien! à l'égard du sel, nous les terrassons. — Le sel ne sera pas
dénaturé, sali; il ne recevra nulle offense, et il va être, de par la nation,
— rendu libre, naturel, à la nation, à son agriculture.

Ici encore, nous l'aurons voulu.

Et ce qu'encore nous promettons et poursuivons depuis vingt ans, à
l'égard des céréales assurées par la prévoyance et les procédés de con-
servation, va se réaliser aussi.

Toutefois, et qu'on le sache bien, nous ne sommes pas les ennemis de ces hommes, tant envieux, jaloux des mérites hors d'eux. Nous les excusons par ce seul mot : l'entraînement, le fatal entraînement. Mais nous leur disons : Assez. — Et à messieurs les enquêteurs nous disons : Faites votre devoir rigoureusement et jusqu'au bout, et l'enquête aura un terme prochain et le plus heureux.

Ah ! que de bien va découler de ce ministère spécial !

Voici une preuve à l'appui de notre opinion. Nous en trouverions de semblables par milliers.

Le Comice de Metz. — Nous trouvons dans le discours prononcé par M. Maguin, président de ce comice, dans son discours annuel, des idées conformes aux nôtres sur les grandes questions qui intéressent le monde agricole.

D'abord M. Maguin déplore l'état d'infériorité où se trouve encore l'agriculture française, et la cause s'en trouve, dit-il, « dans les mœurs d'abord, dans les institutions « ensuite, institutions qui, depuis deux siècles, n'ont pas arrêté, mais ont ralenti la « marche du progrès agricole. » — Ils se vantent d'avoir fait avancer, et voilà qu'on leur prouve qu'ils ont été rétrogrades.

LA LOI MILITAIRE. — Il nous faut bien user de tous nos avantages, ne rien négliger. — Eh bien, nous le demandons, par qui a été combattu ce projet de loi sur l'armée que le Gouvernement vient de conquérir si tristement ? Par personne ; aucun homme d'État n'avait réellement caractère pour mettre opposition à cet instinct du militarisme. Et pourtant qui va faire les frais de ces légions si grosses ? C'est l'agriculture. — Elle va perdre ses bras les plus vigoureux ; elle est arrêtée dans sa reproduction. — Impôt de sang, le plus terrible ! — En eût-il été ainsi si l'agriculture avait eu un ministre spécial constamment, directement en rapport avec ses commettants ? Assurément non. — La voix de la nation en sa partie la plus pure aurait été entendue, car elle aurait affirmé qu'avec une agriculture honorée, comprise, la nation ne serait jamais en danger. — Elle aurait fait valoir cette devise : *Ense et aratro.* — Et l'on aurait dit : *cedant arma agriculturæ.* — Ceci est clair très clair.

Et ce qui est le plus sérieux, après cette loi si dure, quel sera celui qui dans le conseil supérieur osera s'élever contre cet entraînement vers les contingents de 110, 130 et même 140,000 hommes à fournir chaque année ? — Vous le savez, l'appétit se réveille après ample curée. — Et l'on vous demandera le maximum. — Eh bien ! vous ne pouvez arrêter ce fatal entraînement vers le militarisme qu'en ayant là votre homme. — Agissez donc et imposez, car vous êtes les forts des forts.

Autre exemple du jour : ÉMIGRATION DU CAPITAL. — Quelle est la voix dans les conseils de l'État qui est posée pour protester contre le débordement des entraînements du capital vers l'étranger, contre l'infraction aux règles, aux lois, à la morale, qui se commettent au su et au vu de tous? Aucune voix, pas une seule n'ose ; tous sont complices. — Eh bien, voici que encore une fois, et en regard de l'agonie de notre agriculture, une compagnie qui porte ce titre : « *Société générale pour protéger le commerce et les industries de France,* » titre qu'elle n'a encore justifié par aucun acte, vient carrément, effrontément, mentir à ce titre tout national, se livrer, se vendre à un peuple étranger, et user de tous expédients, de toutes roueries pour détourner le capital national, c'est-à-dire appauvrir la nation pour exporter ce métal qui nous fait défaut, au profit d'un étranger.

Et ce qu'il y a de pis, c'est qu'elle prétend se justifier en promettant que l'agriculture et les produits de ce peuple recevront de ces avances un concours bienfaisant, doubleront, tripleront leurs produits. — Nous allons donc féconder la terre de Hongrie, nous allons la couvrir de chemins qui seront ses veines, dans lesquelles nous inoculons le sang. — Et nous si généreux, et à l'heure où nous mendions notre pain quotidien à l'étranger, en le payant, le double, le triple, nous amaigrissons nos terres, nous épuisons le sol faute d'engrais, faute de belles semences, nous manquons de bras, — nous n'avons pas de chemins vicinaux ni ruraux ; — le sang de nos quelques veines s'appauvrit, s'épuise. — Et l'on nous dit encore une fois : Sacrifions-nous pour l'étranger. — Ah! quelle humiliation !

Mais cette compagnie courtière, entremetteuse, irresponsable, assure que le capital produira là 47 1/2 pour 100, tandis que nos terres ne donneraient que 5 à 8 pour 100. — Quelle séduction! — Mais cette assurance, elle repose sur les brouillards, comme autrefois les promesses du Mississipi. — Mais qu'importe! cette compagnie palpe *assurément* et avant tout un fort courtage, elle fait de brillantes annonces; — elle soudoie les feuilles, même celles représentées à l'Assemblée législative. — Elle est sûre du fait en ce qui la concerne. Pourquoi irait-elle plus loin? — N'a-t-elle pas des actionnaires réclamant un dividende? — N'a-t-elle pas à relever ses cours, tombés de 650 à 500? — N'a-t-elle pas sur la conscience cette prime de 140 francs sur 130 versés, plus-value de près de 40 millions escamotés habilement sous l'influence de noms ronflants, de membres du conseil, noms qui occupent de hautes positions, des fauteuils, et qui ont su se faire priser ? — Et tout cela passe, cela s'autorise.

Il est vrai que cette société générale pourrait répondre ceci : « Pourquoi ne ferais-je pas cela, alors que je vois le Crédit foncier, le Crédit agricole, le Comptoir de l'agriculture, dont les attributs sont spéciaux, caractérisés, déserter le sol, l'agriculture, et livrer leurs capitaux aux aventures lointaines, à des arbitrages de bourses italiennes et turques, etc. ? — Tel est l'effet des dérogations tolérées, du mauvais exemple.

Et nous qui prêchons l'épargne au nom de l'agriculture, nous qui appelons le capital, cautionné par le sol, nous sommes honni. — On nous rit au nez, on ne nous offre aucun nom, car nous serions difficile. — Ah ! misères. — Mais marchons, malgré ronces et épines, nous découvrons le sommet.

Eh bien ! et encore sur cet entraînement vers la ruine de nos finances, de nos familles, je vous le répète, qui sera au conseil pour apporter un véto à ce débordement d'autorisations, de concessions, si ce n'est celui qui aura caractère spécial pour faire entendre votre voix ? Ah ! je vous le redis encore : Ils drainent par tous les moyens la misère à travers nos champs. Et nous, en opposition, nous voulons découvrir et faire couler la source de la fécondation. — Mais encore à ce point, vos mandataires, sortis de vos suffrages, s'effacent, nous laissent dans le vide.

En résumé, — Il n'y a pas en cette séparation des attributions le pendant de la Question de Rome, et cependant, nous y rencontrons le *non possumus*. — Ici point de possession à vie, point d'orthodoxie. Les ministres se renouvellent plus ou moins; à l'égard de l'agriculture, ils n'ont que le titre. La cheville ouvrière, c'est un *directeur général*. Eh bien, ce personnage est usé, absorbé par plus de vingt années de pratique, de routine, d'entraînement. Il faut rafraîchir, afin d'aller plus de l'avant. Il faut un chef responsable. Cela est dans tous les cœurs, au fond des esprits, et cela ne s'en échappe pas. Pourquoi?

On m'accuse de suivre, poursuivre ces personnages occupants, avec passion, *violence* même. On se trompe. Je ne suis que convaincu, pénétré profondément.

Je termine ce chapitre par une confidence intime, pénible, tristement confirmative de ce que je viens d'exposer avec impartialité.

Pendant un mois j'ai sollicité de S. Exc. M. Troplong, président du Sénat, une audience de cinq minutes, afin de l'intéresser à cette question tout agricole. M. le président m'a refusé, me faisant dire qu'*il est tout dévoué à l'agriculture*, mais qu'il n'a pas une minute à lui consacrer; il ne peut donc étudier mon plan; il n'a autour de lui personne pour cela. Et pourtant dans les comices M. Troplong s'est fait le successeur de l'illustre Dupin aîné, qui haranguait, haranguait, à éblouir les paysans de la Nièvre, mais qui s'en tenait là.

M. Troplong, en son comice de Cormeilles (Eure), harangue tous les ans la France agricole. Il pérore, soit qu'il improvise, soit qu'il ait médité. Mais que dit-il? Rien que des phrases creuses. C'est sans doute à cause de cela qu'il ne saurait ni agir ni encourager. VANITÉ, rien que VANITÉ, FUMÉE. M. le vice-président de Royer, M. le baron de Lagrange et quelques autres sénateurs font de même; mais ils ne vont pas au delà. — A présent il *faut des faits*.

D'un autre côté, j'ai sollicité *audience de cinq minutes* près de M. le président de l'Assemblée législative. Je désirais obtenir quelques atténuations au règlement, afin de distribuer dans les couloirs mon travail directement à MM. les députés. Comme au Sénat, je n'ai pu obtenir cinq minutes du temps tout absorbé de M. le président. Ah! s'il se fût agi de mesures de nature à assurer l'EMPRUNT HONGROIS à la compagnie générale instituée pour favoriser le développement du commerce et des industries de France, peut-être qu'alors M. Schneider aurait trouvé moyen de retrancher plus que cinq minutes de son temps absorbé. Mais quant à le faire pour l'agriculture, NON; elle peut, elle, aller au diable, il en restera toujours quelque chose. M. le secrétaire chef du cabinet de M. le président m'a reçu deux fois : la première poliment, la deuxième avec brutalité. Je le dénonce ici, parce que cela m'a justement froissé. M. Aigouin — décoré — s'était chargé de faire remettre à domicile et par les hommes attachés à la questure mon mémoire à MM. les députés. Au lieu de cela, il s'est borné à le faire jeter dans les casiers, moyen qui ressemble aux catacombes, et que j'avais déclaré ne pas accepter. Il est si difficile de saisir ces honorables et de se faire lire, que l'auteur qui se croit utile ne saurait trop prendre de mesures pour échapper aux indifférences qui précipitent les matériaux dans les greniers à fouillis ou les conduisent chez l'épicier (1). J'ai besoin d'entrer dans ce détail afin de préparer et justifier les quelques moyens *extra-usuels*, *extra-réglementaires* que je serai contraint d'employer pour que MM. les députés deviennent SÉRIEUX, tout à leur PREMIER devoir, à la lecture de ce mémoire.

____

(1) On n'estime pas à moins de 100 fr. ce que peut produire la vente des papiers que reçoit un député, attentif à ne rien lire, rien consulter, mais soigneux de mettre de côté pour réaliser un supplément d'indemnité. — Y en a-t-il beaucoup de cette force? J'ai toutes raisons pour croire que oui.

L'AGRICULTURE

ET SES RESSOURCES FINANCIÈRES

LE CAPITAL MÉTAL — LE CAPITAL PAPIER

L'UN EXCLUE-T-IL L'AUTRE ?

L UN ET L'AUTRE NE SONT-ILS PAS UTILES, CONCILIABLES ?

> Combattre, conquérir, dominer...
> Distribuer avec libéralité, égalité...

Les grandes pensées ne surgissent pas tout d'un coup ni toutes en même temps.— Souvent elles arrivent en se heurtant, s'entre-choquant, quelquefois aussi avec harmonie. — Il reste alors à les classer, les faire concorder, ce qui dérange l'ordre et l'économie tracés. C'est à cause de cela qu'il me faut donner un supplément à mes mémoires présentés en novembre et janvier derniers.

L'exposé qui précède d'un plan de ministère direct, spécial aux attributions agricoles est frappant, édifiant.

Aussi tous nous allons former cortége à l'agriculture, qui va quitter le lieu où elle est hébergée, traitée en incapable, sinon en indigne, pour faire élection de domicile en son palais de l'Élysée.

N'est-ce pas bien choisir l'instant et le moment? On élève à grands frais un palais superbe, riche en clinquant, à la danse, à la musique. Ce temple aux Muses coûtera à la nation plus de *cinquante millions.*

On restaure, on réédifie le palais des souverains; on ne saurait mieux faire. — Mais comment et pourquoi laisserait-on sur le pavé l'agriculture, obligée de déserter un abri indigne d'elle? — Cette pensée de la conduire en un palais tout bâti, sans charger aucun budget, est bien simple ; cependant elle ne serait venue à personne. Elle ne m'est apparue que tardivement, *et il n'y a que moi*. Moi seul je puis oser la mettre en avant et la faire prévaloir, DE PAR MES ANTÉCÉDENTS.

Et cette pensée, nous allons encore la rendre plus féconde en résultats, car nous allons lui attribuer le service de la partie CAPITAL, FINANCES AGRICOLES, DU SOL. — C'est qu'en effet, pour se faire bien venir et comprendre, le ministère a besoin de s'étayer sur la *réforme financière*, à laquelle, de son côté, il importe de trouver un point d'appui dans ce ministère, — réciprocité de services rendus.

Examinons, allons au fond des choses.

D'ABORD CAPITAL OR, ARGENT.—Nous avons dû, autant que possible, fermer les yeux sur la décadence de l'époque, sur le caractère, l'esprit de ce capital. Nous avons pu croire que les déceptions, les ruines effectuées, les responsabilités de ceux qui le possèdent, de ceux qui le dirigent, le feraient revenir à la sage direction, à l'emploi rémunérateur, sûr, exact, et qu'alors on pourrait encore lui faire reprendre la voie de l'agriculture.

C'est dans cette pensée, animé de ce désir, que nous avons présenté notre système de CAISSE DE PRÊTS A l'AGRICULTURE par LA CAPITALISATION DE L'ÉPARGNE (décembre 1867). Nous avions à peine recueilli quelques avis, que nous avons reconnu le besoin d'en rendre le mécanisme plus saisissant, et nous avons présenté alors, sous la forme de la FOI NOUVELLE PAR LE CULTE DE LA TERRE... un commentaire — (5 janvier). Dans cet exposé nous établissons que CHACUN DOIT son tribut à la terre, qui nourrit chacun, et que nul n'échappe à cette dette de reconnaissance, laquelle se proportionne selon la position.

Ce sentiment prévalant, chacun comprenait le devoir, le bienfait pour soi-même, d'être utile à la terre, de contribuer à la féconder en lui confiant son épargne, placée à intérêts cumulés, etc., etc. C'était convier de la manière la plus philosophique en même temps que philanthropique une fraction du capital *or*, *argent*, circulant, à aller chez les travailleurs de la terre, en les associant par une action de solidarité, de coopération. C'est beau, simple, moral au possible, très-praticable, mais cela ne suffirait pas.

Le parti religieux nous a dit : IL N'Y A QU'UNE FOI, — elle est vieille comme le monde, elle se maintiendra. — Point de rivalité, hostilité.

Les hommes d'affaires, les sceptiques nous ont dit : — Vous êtes trop simple. — Le capital métal est perdu pour la terre. — Pour lui l'agriculture n'est rien, ou plutôt est une incapable, une niaise, qui ne présente que 3 à 6 pour cent. — Avec cela on ne peut que végéter. Or le capital veut se doubler, se tripler se décupler en très-peu de temps; qui l'a veut, avec lui, briller, jouir, s'étourdir, etc, etc. Votre appel ne sera pas entendu. — Si vous commenciez, vous auriez des frais qui vous dévoreraient, etc., etc.

Et malheureusement tout ce qui se produit à chaque jour confirme cette prédiction : EMPRUNT D'ÉTAT, EMPRUNTS ÉTRANGERS, etc., etc., se produisent se reproduisent avec leur cohorte de mirages, de flatteries, etc., etc., et la simple terre est de plus en plus vouée au dessèchement.

Nous nous étions arrêté à cette combinaison d'attirer vers notre protégée le métal numéraire, voulant user des moyens les plus électrisants, et voulant aussi ne pas être contraint à présenter la nécessité de recourir au PAPIER MONNAIE, à la CIRCULATION FIDUCIAIRE.

Or il nous faut reconnaître, sans cependant avoir subi l'échec, que le capital or, argent, est perdu pour le service de la terre. — Ceux qui la travaillent auront à peine la vertu de conserver le peu qu'ils en possèdent; — on le leur disputera, on le leur arrachera de plus en plus. — Les tendances du siècle ou de l'époque ne se redressent pas de sitôt, quelque fausses et fâcheuses qu'elles soient.

Donc les SATURNALES de la finance seront de longtemps encore à l'ordre du jour, elles domineront, absorberont, etc., etc. Donc la terre sera de plus en plus une LAIDE, n'ayant à présenter qu'une existence amaigrie :

Quelques chefs d'établissements financiers ont bien voulu me faire cette confidence.

« Ce que vous écrivez est sérieux, élevé, bien présenté, et c'est à « cause de cela que nous ne pouvons rien. — Si nous vous protégions « et aidions, nous nous fermerions de ce fait toutes les portes de la finance. — *Cela en dit-il assez?*

Que l'État s'imagine intervenir heureusement, habilement, en présentant des combinaisons quelconques, il sera impuissant à changer cet ordre de choses. — Il n'arrêtera rien, — lui-même est débordé, précipité. (Voir plus loin le chapitre sur ce sujet.)

L'État se donne à lui-même un démenti en demandant à emprunter à intérêt très-élevé, en laissant voir que demain, après-demain, il pourra encore demander, redemander.

Les communes sont écrasées par les centimes additionnels, etc.

Or il n'y a dans la situation présente rien D'EFFECTIF, rien en or ni en argent, à mettre en face des besoins immenses, pressants qui sont à découvert. — Il y a au contraire les points noirs les plus obscurcissants...

Le milliard qui fait grève en la caisse de la Banque fût-il doublé, triplé, que la terre n'en aurait pas la plus petite écornure.

Il faut donc d'AUTORITÉ recourir à d'autres moyens, trouver d'autres expédients. — Alors nous dirons ceci :

« La terre, qui produit tout, qui est la source de tout, ne peut pas se
« dessécher, se laisser périr ; et puisque les hommes sont assez MISÉRA-
« BLES pour ne lui rien laisser des métaux que produit son sein, elle
« peut, elle doit permettre aux hommes qui l'arrosent encore de leur
« sueur, qui lui restent attachés, de FRAPPER DU PIED sur elle. Alors
« elle fera jaillir à leur profit une source pure, féconde, celle de la CIR-
« CULATION d'une MONNAIE-papier qu'elle, terre, acceptera, cou-
« vrira etc., etc.

Tel est le correctif exact, naturel, le seul auxiliaire à présenter contre le débordement des folies, des ingratitudes de cette fraction des hommes qui manœuvrent le capital au détriment de l'agriculture.

Mais pour bien user de ce métal qui sort de la main des hommes, il faut le bien étudier, bien déterminer, rendre NEUF, incapable de DÉVIATION ni DÉRIVATION.

C'est encore sur ces points organiques que nous différons des autres novateurs, promoteurs de mesures financières, territoriales, etc. Nous nous basons sur le principe « RIEN N'EST IMMUABLE NI PERPÉTUEL. »

Nous voulons bien une émission de monnaie fiduciaire, mais nous la présentons à titre PROVISOIRE, temporairement, comme allonge et pour un emploi DÉTERMINÉ, extinguible par annuités par effet d'amortissement, et par conséquent de mérite égal au métal or, argent, c'est-à-dire de circulation obligatoire. — Et nous allons démontrer que cela n'a rien d'exorbitant, que cela est juste, légal d'exécution urgente forcée.

IBI SALUS POPULI SUPREMA LEX. — Voici le cadre que nous en dressons.

Toutefois, en recourant à cet expédient PROVISOIREMENT et FACUL-TATIVEMENT, — nous ne voulons pas fermer au capital métal, resté sage, prudent, toutes issues qui le conduiraient vers la terre, l'agriculture. — Nous le conservons au premier PLAN. — Notre monnaie-papier ne viendra qu'à titre accessoire, complément indispensable. — Que cela soit bien entendu; point de surprises.

Nous maintenons donc notre système de caisse des prêts à l'agriculture par la capitalisation de l'épargne. — Nous y attirerons les capitaux par tous les moyens praticables et conciliables. — Et si, contre notre attente, ils se présentaient en abondance, nous en rendrions grâces à la Providence qui éclairerait la raison humaine, et nous laisserions en repos notre *presse à papier-monnaie*.

Mais en toute éventualité, voici ce que nous présentons : « La caisse « susénoncée a le droit de mettre au service des travaux d'agriculture, « de toute nature améliorante, de toutes entreprises d'utilité publi« que afférant soit aux départements soit aux communes, un capital « monnaie-papier de forme et de coupons à déterminer, jusqu'à concur« rence de TROIS MILLIARDS..... »

Les emprunteurs payeront un intérêt annuel de 3 pour 100. Les emprunts seront faits pour une durée de 50 ans, avec faculté d'être éteints par anticipation.

Les 3 pour 100 ci-dessus indiqués comme retenus par la caisse, seront appliqués, savoir : 2 pour 100 pour amortissement par annuité, 1 pour 100 pour frais et profits, de sorte qu'au bout de 50 ans, c'est-à-dire en une moyenne de 25 ans, la dette sera éteinte naturellement, et pour recommencer si on le veut. — Rien de plus loyal, libéral.

En raison de cet amortissement et de ce caractère *d'intérêt général de par la nation*, ladite monnaie aura *cours forcé*. — Les caisses de l'État auront mandat et caractère pour en faciliter la circulation, en mettant au service de l'échange contre or ou argent, ce qu'elles en reçoivent. (L'État reçoit annuellement, par son budget, près de trois milliards en espèces, l'État a des caisses de services partout.)

Mais à qui et dans quelles conditions de sûreté, de prudence seront confiés ces prêts devant faire office de distributeurs généraux, impartiaux et prudents? telle est la question difficile et le côté neuf que nous allons traiter.

Quelques penseurs ont cru qu'il fallait charger des banques d'émettre la monnaie fiduciaire, émanant d'une seule source ou produite par autant de banques. — D'autres ont dit qu'il convenait de placer la monnaie fiduciaire UNE entre les mains des propriétaires territoriaux, sur garantie hypothécaire, lesquels propriétaires étant les plus intéressés au bon entretien de leur terre, prêteraient cette monnaie à leurs fermiers ou colons, etc., de là UNE BANQUE TERRITORIALE (David de Cholis).

Nous disons, nous, que les naturels et vrais dispensateurs de cette monnaie, comme les appréciateurs exacts des besoins, des bons emplois, ne sont nulle part ailleurs que dans les départements, les communes, représentés par leurs *conseils généraux, conseils d'arrondissements, conseils municipaux.*

En effet le caractère premier de cette monnaie, c'est de s'appliquer aux services généraux, aux viabilités de toute nature, aux exécutions de travaux publics entrepris par les communes ou par syndicats, etc.

Puis après viennent les placements devant répondre aux besoins domestiques, privés, — le MOBILIER AGRICOLE, — améliorations de propriétés exploitées isolément, etc., etc., le tout se liant, se soutenant, se corroborant par un système d'assurance mutuelle, de coopération, lequel système absorbera au plus une surcharge provisoire, éventuelle de 1 pour 100, — qui fera l'objet d'un compte des RISQUES, etc.

Déjà quelques communes nous ont donné l'exemple de cette intervention par elles-mêmes dans le crédit privé. — Cette initiative nous est venue de l'Alsace, et elle est belle et bonne.

Par ce canal l'émission fiduciaire suit sa pente naturelle, elle y rencontre une circulation assurée, un drainage sans encombre.

L'effet moral, l'exemple, l'émulation, l'entente pour se grouper, acheter et vendre d'accord et par une entente cordiale, sont tout à coup mis en pratique ; — les arbitrages se forment, sont introduits dans nos mœurs, les chicanes disparaissent, les procès deviennent des raretés, etc.

Et pour l'administration banque, le service sera simplifié, plus régulier, plus étendu, il se répandra au meilleur marché possible. Nous ne voyons rien de comparable à cela.

Ajoutons encore que ce capital ainsi dirigé, il sera facile de niveler les difformités, les inégalités que nous a imposées la nature. C'est-à-dire que nous verrons les départements du centre, à forme plate, riches en terre végétale, très-peuplés et déjà pourvus de ressources, former un fonds commun, faire un prélèvement sur leur part pour en avantager *frater-nellement* les départements de la France aux extrémités, à bosses, montagnes granitiques, rocheuses et plaines sablonneuses.

Ce sera rendre un bel hommage à ce sentiment de solidarité qui unit entre eux les habitants d'une même nation.

Notons ici que DE PAR LA SCIENCE et les ENGRAIS COMPOSÉS, il n'y a plus de terrains improductifs, tous peuvent atteindre le même degré. — Le *succès* général est dans le capital affecté. — C'est ainsi que les *céréales*, les vignes, les prairies naturelles, celles artificielles (la viande), les alcools, les betteraves, les eaux-de-vie des Charentes, les lins, les chanvres, les huiles, les soies, les bois, les lacs, les réservoirs à poisson, etc., etc., seront, *par la même baguette féerique*, protégés, développés, assurés.

« La grève de l'esprit agricole, qui dure à peine depuis deux siècles, « laquelle a pour fille la grève du sol, va être chassée, et tout à la fois « elle chassera la grève du millard métal qui dort à la Banque, elle « chassera les grèves qui frappent le travail en paralysant les industries, « les commerces, etc., etc. Telle sera, sans aucun doute, la puissance « de cette monnaie. »

Et alors, par cet esprit d'initiative d'énergies locales, les campagnes repousseront ce système fatal de l'intervention de l'État, qui a été de tout temps insuffisant, onéreux, accablant, trop souvent menteur...

Exposé sommaire des travaux à entreprendre

Nous ne pouvons qu'abréger cette liste, la développer en entier dépasserait nos limites, et ce serait peut-être aussi effrayer. Les travaux les plus saillants et à l'ordre du jour, ce sont les *routes de terre*, chemins départementaux, vicinaux, ceux RURAUX surtout.

On sait quelle évaluation l'État a posée pour cela. — Il y a assurément dans le calcul du gouvernement de grosses erreurs, de regrettables omissions. — Il faut tripler, peut-être décupler la somme désignée comme suffisante ; — il importe aussi, et *beaucoup*, d'abréger le temps, la période d'achèvement — On sait ce que coûtent les alternatives de chômage, de reprise, de cession, etc., etc., de ces travaux entrepris sans ressources.

Rappelons ici que le canal de Saint-Louis, joignant le Rhône à la mer, commencé, abandonné, repris, puis encore ajourné, aurait évité une dépense de plus de VINGT MILLIONS pendant la période de nos deux dernières récoltes insuffisantes en céréales, s'il eût été achevé rapidement. Cette dépense en pure perte a pesé sur les cours du pain quotidien.

Or cette exécution, d'autant plus chèrement payée qu'elle est de fois abandonnée, ajournée, reprise, changera de face aussitôt que le capital sera assuré et que l'État n'en sera plus le dispensateur. Après les chemins, artères, veines conductrices du sang, vivifiant le sol, indice du degré de civilisation, nous avons les REBOISEMENTS, REGAZONNEMENTS, des coteaux, montagnes, DÉFRICHEMENTS DESSÉCHEMENTS DES PLAINES, le DRAINAGE le COLMATAGE, les irrigations, pentes d'écoulement, etc. — Viennent ensuite les besoins domestiques, le repeuplement des étables, les bâtiments à édifier, les machines qui suppléent à l'absence de bras etc., etc. Le capital agricole existant est estimé au plus à 200 fr. par hectare ; — il le faut porter à 1,000 1,200 francs.

Nous devons particulièrement porter notre rendement en céréales de 12 à 21 hectolitres par hectare, et en moyenne la France récoltera ainsi, avec 6 millions d'hectares, 140 millions d'hectolitres de blé. Elle aura un excédant, et il faudra de toute nécessité introduire dans la culture un système de RÉSERVES DE PRÉVOYANCE, c'est-à-dire conserver, — imiter la fourmi. — Cela ne peut se produire que par la collectivité.

En général et dans nos campagnes, tout est en retard et à l'état BUCOLIQUE, etc., etc.

Pour ce qui est des eaux, la navigation, rivières, canaux, ports de mer, le manquant est énorme, effrayant. En voici une nomenclature dont je ne suis pas l'auteur, mais qui me paraît exacte, utile à reproduire.

La France possède 3,000 kilomètres de rivières flottables en trains ; 9,600 kilomètres de rivières navigables, et 4,800 kilomètres de canaux, soit 17,400 kilomètres pour son réseau aquatique. Mais des 9,600 kilomètres de rivières classées comme navigables,

7,000 kilomètres seulement le sont en réalité, et des 17,400 kilomètres de notre réseau aquatique, 9,525 kilomètres seulement sont utilisés, bien que la plupart de ces derniers aient un régime irrégulier, par suite de l'insuffisance du tirant d'eau.

La navigation par le touage, cette application qui semble si facile, n'est mise en pratique que sur une seule rivière; le remorquage à vapeur n'a lieu que sur deux, et les bateaux à vapeur ne circulent régulièrement que sur cinq d'entre elles. Les objets dont les dimensions sont trop grandes pour passer sous les ouvrages d'art des chemins de fer, et qu'on est obligé de transporter par la batellerie, peuvent être arrêtés pendant des mois, faute d'une profondeur d'eau régulière de 1^m,35, comme cela est arrivé récemment pour les sections de chaudières des navires transatlantiques, qui, parties du Creuzot et arrivées en Loire par le canal du Centre, y ont attendu quatre mois.

Les canaux manquent aussi de dimensions convenables; les embarcations qu'on y emploie devraient pouvoir porter 1,000 tonnes, et elles en portent 250 au maximum.

La navigation des rivières a été rétrécie par les ouvrages d'art et par le défaut de tirant d'eau, en raison de la faible capacité des écluses des canaux avec lesquels elles sont reliées.

Pour mettre nos lignes navigables dans de bonnes conditions de service régulier et de transports économiques, et pour les faire servir d'auxiliaires utiles aux chemins de fer, il faudrait disposer les ouvrages d'art, le lit ou la section de ces voies, de manière à permettre un accroissement considérable dans la proportion des bateaux.

A cette condition seulement le halage est avantageux; mais un tel but ne peut être atteint qu'au prix d'une énorme dépense, dont la moyenne pourrait s'élever jusqu'à 350,000 francs par kilomètre, soit pour 15,000 kilomètres : 5,250 millions.

Des défectuosités analogues existent dans un grand nombre de nos ports maritimes : Rouen, Nantes, Bordeaux ont à souffrir des difficultés de leurs voies d'accès, difficultés qui se font d'autant plus sentir que la dimension des navires s'accroît sans cesse; Brest et Cherbourg, plus favorisés par la nature, naissent à peine au mouvement commercial, en luttant contre l'étreinte des exigences militaires.

Le Havre laisse à désirer sous le rapport de la profondeur de la passe, de la surface des quais et des bassins.

Le long des quais du Havre, il n'y a pas de place pour le plus petit atelier de réparation de l'un de nos services publics les plus intéressants, celui des Transatlantiques, et tout établissement nouveau pour la construction des navires en fer y trouverait des difficultés infinies ; enfin les ports du Havre, les bassins de Saint-Nazaire, les passes de la Loire et celles de la Gironde s'envasent progressivement.

Le mal est d'autant plus grave que les ports, devant être affranchis de péage, ne peuvent être qu'indirectement l'objet d'une spéculation industrielle ; c'est donc au gouvernement qu'incombe la tâche d'y faire exécuter les travaux nécessaires; or, au dire des ingénieurs, il faudrait pour cela 50,830,000 francs.

En Angleterre, ce sont des compagnies qui exécutent les entreprises de ce genre, moyennant certains droits à prélever sur les navires. Récemment deux compagnies de chemins de fer ont construit deux ports, ceux de Grimsby et Hartlepool, moyennant 56,600,000 francs. Les installations de bassins, de quais et d'appareils mécaniques y sont telles qu'un navire, pour prendre un chargement de 500 à 800 tonnes, n'y reste pas beaucoup plus qu'un wagon de 10 tonnes ne reste dans un chemin de fer pour laisser son chargement et en prendre un autre.

Cet ensemble de conditions et charges qui incombent à notre époque et qui réclament L'URGENCE représente peut-être TRENTE MILLIARDS de francs, et notre capital métal, or, argent, est évalué au plus à six milliards. — Et il est absorbé par les industries, les commerces, par les spéculations, par l'étranger, par toutes passions, tous débordements. — Qu'en attendre donc pour ces exécutions? RIEN, PAS UN DENIER.

Peut-être que par nos efforts à rappeler aux bons sentiments, par l'appel à l'épargne consacrée à l'agriculture au moyen de notre CAISSE DES PRÊTS A L'AGRICULTURE par la CAPITALISATION DE L'ÉPARGNE, en appelant des adeptes à la FOI NOUVELLE PAR LE CULTE DE LA TERRE, nous parviendrons à grouper quelques millions; mais ce ne sera là qu'une *goutte d'eau à la mer.*

Il y a donc NÉCESSITÉ IMPÉRIEUSE de recourir à la MONNAIE-papier, — et le mode de création et de circulation que nous présentons est le NEC PLUS ULTRA.

Qu'est-ce que TROIS milliards en présence d'une nécessité de trente? Un dixième. — Et on n'arrivera à ce maximum que facultativement, progressivement. — Et ce capital commencera à s'éteindre dès qu'il aura vie. — Quoi de plus séduisant?

On aura beau se reporter aux émissions d'assignats chez nous, à celles en cours de circulation autour de nous, on ne trouvera rien d'aussi bien raisonné, de comparable. — La répulsion disparaît, le service rendu est éclatant, éblouissant.

Et la Banque, cette VIEILLE BÉQUILLE, si cupide, si aristocratique, impuissante, incapable de tenir ses engagements, aura beau se dresser contre nous, nous menacer de nous jeter à la tête sa PERRUQUE, elle sera forcée de se refondre, de se reconstituer. — C'est encore par là que nous accroîtrons ÉNORMÉMENT le *quantum* du service rendu.

A présent qu'on aille donc demander à nos financiers en renom, à nos économistes à réputation qui leur ont coûté si peu, qu'ils n'ont su qu'emprunter, piller de droite, de gauche, de nous apporter leur *parallèle.* — Nous les attendons.

Assurément MOLLIEN, l'honnête financier MOLLIEN, le fondateur de cette Banque que nous critiquons, serait avec nous; car sa création n'est plus ce qu'il l'a faite, et il la savait déjà perfectible!

Quant à l'État, sa déclaration dernière (28 janvier, rapport du ministre des finances à l'Empereur) nous démontre qu'il ne peut rien. — Il s'était avancé (lettre de l'Empereur, 15 août), à présent il recule épouvanté. — Et pour la nation c'est *tant mieux*, cela fait tomber le voile dissimulateur. — Encore une fois l'agriculture ne peut compter que sur elle, agir que par elle. — Ainsi et par là elle régénère tout, elle plane sur tout.

BASES DE LA SOCIÉTÉ EXPLOITANTE

Après cet exposé saisissant, sans réplique, nous osons l'affirmer, nous allons démontrer comment sera organisé le mécanisme de cette institution, quels seront ses actionnaires, ses administrateurs.

L'action est toute destinée au SOL, elle doit être cautionnée par le SOL.

Quel sera l'éventualité, le risque à courir? RIEN.

Quel est le capital social nécessaire? Aucun. — Cependant il faut toujours une caution, surtout celle morale, et elle n'existe pas entièrement sans un apport.

Il faut aussi à tout un capital, ne fût-ce que pour assurer les premiers pas, couvrir les frais d'installation.

Il nous faut donc appeler des sociétaires actionnaires, desquels nous tirerons une ADMINISTRATION.

Il nous faut, avant tout, faire accueillir, répandre notre programme, maintenu au fond, revisé, rectifié en la forme, s'il y a lieu; — nous entourer de noms *illustres*, CONNUS, et surtout PURS de tout contact avec ce qui s'est produit et qui a été plus ou moins *entaché*. — Cela est difficile à présent. — Pourtant cela est plus facile à réaliser, par cette raison que nous appelons en participation les possesseurs des IMMEUBLES sur lesquels nous prenons première hypothèque.

La partie *apport métal* est une goutte d'eau relativement.

EXEMPLE. — La société est autorisée à émettre une valeur monnaie fiduciaire, jusqu'à concurrence de trois milliards (à fractions à déterminer), ci : 3 milliards.

Cette monnaie est offerte d'abord aux *départements*, aux communes, aux syndicats, lesquels apportent des cautions garanties qui sont à leur disposition, soit par cessions de titres, engagements hypothéqués, etc., etc.

Ensuite la société met à la disposition des propriétaires de terres sa monnaie sur inscription d'hypothèque, dans des conditions à déterminer. — Tels seront les clients.

La matière finance ne coûtant rien, point n'est besoin de capital d'exploitation. — Mais comme en tout il y a ÉVENTUALITÉ, même quand cela ne saurait s'apercevoir, il faut prévoir et être en mesure. — Or, pour couvrir les risques, la société ouvrira une souscription en apports d'inscriptions hypothécaires, jusqu'à concurrence du dixième de la monnaie susceptible d'être absorbée, soit TROIS MILLIARDS. C'est-à-dire que tous les propriétaires fonciers, terriens de France seront actionnaires, à la condition de venir apporter une déclaration d'inscription hypothécaire sur leur immeuble de TANT, jusqu'à concurrence de TROIS CENTS millions.

Telle sera la garantie morale effective de l'agissante.

Pour le CAPITAL, chaque apport d'inscription devra verser en espèces or, argent, un *quantum* de 5 pour 100 sur le total de sa souscription ; celui qui souscrit pour *cent mille* francs immeubles versera, dans un délai déterminé, *cinq mille* francs, ce qui fera un total de QUINZE MILLIONS — avec lesquels on pourra se caser et attendre le développement. — Ces quinze millions seront remboursables sur les premiers bénéfices réalisés.

Mais QUELS SERONT CES BÉNÉFICES ? L'intérêt à payer par les emprunteurs sera de *trois* pour 100, fractionnés ainsi :

> 2 pour 100 pour nourrir l'amortissement en 50 annuités ;
> 1   »   pour frais et profits d'exploitation.
> _______________
> 3 pour 100.

Le maximum de l'opération étant 3 milliards, le produit sera de 90 millions, répartis ainsi :

> 60 millions pour annuités.
> 30   »   pour bénéfices.
> _______________
> 90 millions.

Cinquante fois 60 millions forment bien trois milliards amortis.

Cinquante fois 30   »   donnent 1,500 millions de profit.

Telle est la perspective ; si vous voulez être modestes, admettez que l'action se borne à moitié, 1,500 millions circulant, 750 millions réalisés; et en ce cas *minimum*, la garantie ne serait plus de 10 pour 100, elle serait portée à 20 pour 100.

Ainsi, en cas de développement complet, la société réalise 30 millions de bénéfices; si le développement prévu ne se réalise qu'à demi, elle gagne encore 15 millions. — Or quelles sont ses charges? Rien, sinon les frais d'administration. A combien peuvent s'élever ces frais ? Au plus CINQ MILLIONS; il resterait donc, soit 25, soit 10 millions. Qu'en faire? C'est là que se trouve la *rémunération équitable*, *légitime* de l'apport social, soit l'inscription hypothécaire.

Ainsi, ce qui n'aura rien coûté, rien perdu, sauf quelques formalités · d'inscription hypothécaire, que nous saurons simplifier, rapportera de 3 à 8 pour 100. — Voilà assurément du NEUF, du MERVEILLEUX.

Et pour que cela soit une réalité toujours, nous introduirons cette innovation précieuse, que la *mutualité*, la solidarité viendra rendre chaque débiteur responsable de l'autre. — Cette caution se fera par une retenue de 1 pour 100 formant un fonds de cautionnement.

Si à chaque fin d'exercice il y a sinistres, ils seront couverts par le fonds spécial. — S'il n'y a pas sinistres, le 1 pour 100 est rendu au déposant.

Établissons-le encore. — L'élévation du prêt sera de 4 pour 100 divisés ainsi :

> 2 pour 100 extinction par annuités 50;
> 1 pour 100 pour parer aux chances de pertes;
> 1 pour 100 frais et profit de l'administration.
>
> 4 pour 100 réduits réellement à 1 pour 100.—Que peut-on espérer de mieux ?

Ces 4 pour 100 seront payés à chaque commencement d'exercice en or, argent, l'administration voulant exercer à son gré l'action amortissement. Elle sera déterminée par le plus ou moins du fait circulatif dans des contrées différentes.

L'acquittement de la dette par anticipation sera toujours facultatif en prévenant et moyennant certaines formalités.

Terminons en posant ici quelles seront les conditions de cession, rétrocession de la monnaie que feront les premiers emprunteurs. Quels seront leurs bénéfices ? Cela devra être déterminé ultérieurement et la table en être généralisée.

Ainsi, et comme nous l'avons établi en commençant, l'intervention de cet organe, de ce rouage dans le mécanisme général, n'est qu'incidente, transitoire ; elle est déterminée, facultative ; elle s'éteint d'elle-même. — Que l'on fasse la comparaison avec la Banque de France et le foncier.

L'épreuve et le temps prononceront. — Passons à un autre engin, le capital métal.

Caisse des prêts à l'agriculture par la capitalisation de l'épargne. — La foi nouvelle par le culte de la terre.

Nous n'avons ni la prétention ni la folie de provoquer le déplacement du capital actif circulant, occupé ou expectant, quêtant une occasion, une prime, au risque de tomber dans un piége. Non, nous connaissons trop l'entraînement de l'époque ; nous le laisserons voguer sur cette mer agitée.

Mais nous faisons un énergique appel à la modeste épargne, à l'économie de tous les jours prélevée sur le labeur, destinée à soulager les calamités, la vieillesse ; nous nous bornons à essayer de soulever les consciences, à provoquer l'acquit de cette dette de reconnaissance que chacun doit à la terre, qui est sa mère nourricière, dont il aura besoin jusqu'au dernier moment.

A cette épargne nous offrons un asile à l'abri de toute éventualité, nous la faisons grossir par la capitalisation en la faisant multiplier dans une période déterminée.

Cette institution est bien la *caisse d'épargne* au profit du sol. Elle produit 3 pour 100, l'intérêt s'ajoutant d'année en année au capital versé. — C'est utile, c'est moral, c'est simple au possible.

Nous renvoyons à l'exposé que nous en avons fait.

En présentant isolément cette combinaison nous avions devant nous un écueil certain, celui d'être accablé par les frais avant que le développement s'opérât sur un chiffre assez considérable pour couvrir les dépenses. Il nous fallait étendre simultanément notre action sur tout le territoire, avoir des agents dans chaque commune, et, bien que comptant sur une presque gratuité, nous avions cependant des frais inévitables, considérables.

A présent nous avons levé cet obstacle : en constituant la banque d'émission dont nous venons de donner le plan, nous sommes assuré immédiatement d'un résultat immense, nous avons des relations tout ouvertes, un asile gratuit. Dès lors nous pouvons compter attirer, grossir le capital espèces destiné spécialement à l'agriculture.

A ceux qui nous confieront leurs épargnes nous présentons la satisfaction d'être utiles, agréables aux travailleurs de la terre. — Ils la féconderont par eux-mêmes : — c'est la loi de la Providence.

Payant l'intérêt à 3 pour 100, nous pourrons porter sur le sol ce précieux auxiliaire à 4 ou 5 au plus.

Les emprunteurs, les nécessiteux auront au même siége deux sources; — si l'une tarit, l'autre ne se desséchera pas, — et les deux modes se prêteront un mutuel appui.

C'est ainsi que nous aurons résolu le problème économique le plus considérable, le plus pressant de l'époque. — Cette découverte est plus que la vis d'Archimède, qui a fait révolution ; — c'est la circulation continue, sans arrêt, régulière, sans secousses.

En finissant, disons ceci :

« A ce maître de l'antiquité qui s'est écrié : « Donnez-moi un point « d'appui et je soulève le monde, » — nous répondrons : Le voici, ce point d'appui. — Oui….. ce carré de papier qui va circuler de main en main, depuis une représentation de *cinq* francs jusqu'à celle de *mille*, et dans les coins les plus reculés, il est bien le sol, le monde. — Avec lui nous allons détourner les eaux des mers, des fleuves, des rivières; nous allons niveler, percer, creuser les montagnes, dessécher les marais pestilentiels, rafraîchir le sang, augmenter les veines, féconder tout, grossir toute production, assurer toute consommation, car l'intervention commune, c'est le grand levier. »

Et la portion du métal qui viendra répondre à notre appel sera le précieux auxiliaire, mais non l'indispensable. Nous échappons à la loi la plus dure, la plus arbitraire, celle du capital. — Nous tuons l'usure, nous élevons le faible à la hauteur du fort. — Le dépourvu va disparaître, — l'égalité, la fraternité triompheront...

Gloire à Dieu, honneur aux hommes qui vont nous apporter leur concours !

Le Sel libre
donné à la Nation par la Nation.

Nous apportons encore ici la solution infaillible, irréfutable de ce grand problème économique : — la suppression de l'impôt du sel, sans perte pour le Trésor, — sa libre et entière disponibilité pour l'agriculture, c'est-à-dire sa force productive énormément accrue.

Nous n'avons plus rien à ajouter à ce que nous avons exposé dans nos deux brochures sur la nécessité d'exonérer le sel, ni sur la convenance de repousser le moyen barbare, odieux, plus qu'odieux, de dénaturer, salir, souiller le sel, *sublime, supremum condimentum*.

Nous allons le présenter ainsi aux animaux, qui en ont besoin pour faire la chair de laquelle nous vivons.

Le Trésor public, toujours nécessiteux, besogneux de plus en plus, ne peut faire ici aucune concession, c'est entendu : nous avons réfléchi, médité profondément, et nous avons trouvé la solution. La voici ; — elle est simple, naturelle.

Le dégrèvement du sel appartient, comme tout impôt indirect sur la consommation, à la grande réforme qui mûrit de jour en jour, qui s'opérera tôt ou tard et embrassera tout. Nous travaillons à cela de toutes les forces de notre imagination, et nous parviendrons à suffire à cette tâche (voir le chapitre qui suit, sur les octrois), mais l'heure de cette réforme est peut-être éloignée encore, et le sel est réclamé *d'urgence* par l'agriculture, qui ne peut l'accueillir qu'à l'état *naturel* et libre. — D'un autre côté, le sel entre dans la consommation à l'état exceptionnel ; il est le condiment indispensable à tous ; — il s'arbitre à dose égale, les besoins sont les mêmes à toutes inégalités de positions. — Il ne provoque pas l'excès : — au bout de l'année, le millionnaire, comme le journalier, n'a absorbé que ses 8 à 10 kilogrammes de sel. — Cette similitude ne se rencontre en nulle autre substance : — les estomacs sont égaux devant le sel.

Cela justifie bien l'exception que nous allons adopter pour le sel. — La taxe du sel produit au Trésor de 32 à 38 millions, sur lesquels il y a à déduire 6 millions de frais.

Nous voulons être large avec le Trésor, et nous posons comme chiffre entrant en caisse 36 millions. — Or, à partir du 1er mai prochain (on ne saurait trop rapprocher la date de cette délivrance), le sel sera déclaré libéré de tous impôts, son industrie sera exonérée de toutes charges, — elle rentrera dans le droit commun.

Au 1er mai prochain le Trésor sera autorisé à recevoir de la Banque d'émission fiduciaire agricole 36 millions de sa monnaie, et il en disposera comme espèces sonnantes.

« On le voit, c'est la nation affranchie de par la nation. — La nation crée, elle accepte ce qu'elle crée. »

Elle fait circuler le sel, et sa monnaie circule.

Mais l'État n'est qu'emprunteur. — Il paye l'intérêt à 3 pour 100 sur cette monnaie, comme l'agriculture. Et ces 3 pour 100 sont attribués : 2 pour 100 à amortir dans 50 ans (le principe d'amortissement est la base de toute réforme financière) ; 1 pour 100 à une réserve pour mettre fin à l'action provisoire, c'est-à-dire désintéresser complétement. — Exemple. — L'État reçoit cinquante fois 36 millions 1,800 millions, un milliard huit cent millions, dont la moitié est 900 millions, amortissables par les 2 pour 100, soit 1,800 millions, somme égale.

De plus, il aura dans cette période capitalisée par le cumul de 1 pour 100 distrait des 3 payés, 900 millions qui seront disponibles pour répondre à une nouvelle combinaison, devenue plus légère, plus facile.

Il est évident que les 900 millions provenant de ce 1 pour 100 réservé pendant 50 ans auront produit, par la capitalisation des intérêts cumulés, une somme triple, c'est-à-dire qu'ils s'élèveront à tout près de *trois milliards*, ce qui sera bien plus que suffisant pour produire par intérêt les 36 millions réclamés par le Trésor. On peut donc conclure qu'après un exercice de 25 ans de ce système, la réserve suffira à l'extinction de cette circulation ; elle n'aura été que provisoire, de transition.

Mais il est de toute évidence que ce mode de délivrance du sel, quelque heureux qu'il soit, ne durera pas 50 ans : la réforme générale se présentera bien avant ces 50 ans ; nous ne serons donc que dans le provisoire ; ce n'en sera pas moins un grand bienfait, surtout en ce sens que cela précipitera la grande réforme, la délivrance générale.

A ceux qui ne verraient dans cette substitution de la monnaie de la nation à l'action arbitraire, barbare, du fisc, de la régie, qu'un simple virement, nous disons : « Vous êtes de courtes vues. — Il y a plus, il y a mieux : il y a d'abord le renversement du monopole par le capital, qui absorbe la production du sel et en réglemente la vente ; or ce monopole se fait une part presque égale à celle de la fiscalité. Il y a donc là un profit énorme, mais appréciable ; il y a aussi un autre profit plus énorme, inapppréciable, c'est celui qui résultera de la liberté d'user du sel, d'en abuser. Les industries si nombreuses qui ne peuvent répondre aux exigences du droit le prendront aveuglément, l'agriculture l'emploiera dans tout, fumure, engrais, fosses à fumier, terres, vignobles, etc., bestiaux, volailles, fourrages, etc., etc. — Il est utile en tout, s'assimile à tout. — Nous conquérons donc par cette délivrance dix fois et plus ce que nous donnons au Trésor. Cela ressort de toutes les épreuves. »

Depuis quelque temps on a fait au sel l'honneur de le discuter, de l'analyser. — Des académies s'en sont occupées, — des laboratoires l'ont fait passer par toutes les étamines, et il en est résulté la découverte, l'affirmation de grands mérites ; mais en aucun de ces endroits, puits de science, on ne s'est aventuré au delà de la théorie ; on n'a rien voulu voir des obstacles qui arrêtent la pratique, parce qu'on a aperçu là l'hydre de la fiscalité. — A-t-elle donc effrayé ?

Le conseil d'État, saisi de la question, a inventé le plus triste expédient de transaction. — Il pense laisser au fisc la proie qu'il tire du sel, et lui soustraire celle que réclame l'agriculture. Il propose de ne délivrer à l'agriculture qu'un sel dénaturé, sali, empoisonné. Il enveloppe cette mesure d'un eseconde armée de sbires du fisc. Ce travail de frelater le sel, de le rendre odieux, dangereux, coûterait plus que le sel ; — mais qu'importe ! l'honneur serait sauf. — L'agriculture ne saurait jamais accepter le sel qui lui est ainsi présenté, mais on lui répondrait : Tant pis pour vous, c'est vous qui ne l'avez pas voulu.

Déjà nous l'avons dit à ces hommes d'État, à ces tristes stationnaires : « Vous ne descendrez pas si bas, nous vous arrêtons !.. » Et nous n'avions pas alors cette si simple combinaison. A cette heure, nous leur redisons avec une autorité plus forte : « Nous vous défendons de souiller le sel ! » — Nous tuons l'hydre de la fiscalité ; nous tranchons la tête à l'hydre du monopole. — Dieu a fait le sel sublime.

Nous leur disons encore : « Depuis plus de trois ans vous tenez fer-
« mée une enquête que vous avez faite, vous jetez l'obscurité sur le
« point le plus utile *à éclairer*, vous retardez capricieusement, vaniteu-

« sement l'apparition d'un grand bienfait. — Vous êtes coupables ; cela a
« trop duré ; arrêtez-vous, livrez vos méditations, mettez-les en paral-
« lèle avec les nôtres, et le public, ce juge suprême, appréciera. »

Situation financière de la ville de Paris.
Le Crédit foncier de France et notre Banque agricole.

Chacun connaît la situation de la grande commune, Paris, à cette
heure. — Tout le monde apprécie à son point de vue ce qu'elle a fait,
les merveilles qu'elle a opérées par enchantement. — Mais voici que
pour elle le quart d'heure de Rabelais est arrivé. — Elle a dépensé,
elle a anticipé, elle a dû, elle a payé par fractions, elle a ajourné, re-
tardé atermoyé, etc., etc. Tous ces expédients ont produit leur effet, les
ressorts ne peuvent plus être tendus, etc., etc. — C'est alors que le grand,
le très-haut administrateur, dispensateur de cette cité, songe à prendre
une grande résolution ; il veut aussi se montrer financier par excellence :
il s'adresse au Crédit foncier de France, le crédit particulier lui faisant
défaut. — Il lui dit : Prenez ma situation, acceptez mes terrains, mes
créances, mes recettes à venir, etc., etc., et donnez-moi en retour vos
obligations amortissables en 50 ans. Je vous payerai un intérêt annuel
de 6 fr. 06, et après 50 ans je serai libéré, sauf à recommencer bientôt.
— Elle sera douce et bonne pour chacun de nous, cette opération.

Telle est la convention que l'on dit conclue, arrêtée entre le très-
puissant préfet et sénateur baron Haussmann et le très-haut gouverneur
et député Frémy.

On pense avoir bon marché de l'examen du Corps législatif, et l'on
considère comme conclue l'opération.

Nous n'avons ni le pouvoir ni la pensée de faire opposition : nous
nous permettons seulement de présenter ce que sera l'opération ; quelles
seront ses conséquences, et dans quelle situation différentielle se trouvera la capitale envers les communes qui vont venir puiser à la source
que nous faisons jaillir de la nation, c'est-à-dire de plus de deux cents
milliards d'immeubles. — Ceci est grave et mérite bien la peine d'être
envisagé.

La Babylone moderne a besoin de cinq cents millions espèces, à courts
délais, pour se débarrasser de dettes échues, se purger, débarbouiller,

c'est le chiffre minimum. — Où le trouver ? — *That is the question,* diraient les Anglais. — M. le préfet dit, lui : Je vais les prendre d'abord au Foncier en son papier, puis après je les prendrai en espèces sonnantes à la Bourse, dans toutes les bourses. Jusque-là, cela est bien, c'est la face de la médaille; mais voici le revers; — Comment s'opérera cette négociation, si grosse, de titres qui se sont bien placés jusqu'ici parce qu'ils ont été produits par petites fractions, sur toutes les places, etc. — Mais ces cinq cents millions apportés d'un seul bond, *in bloco,* sur la place de Paris, ne vont-ils pas l'écraser, faire épouvante? A quel taux les négocier? dans quel laps de temps? Combien d'autres emprunts vont venir faire concurrence à M. le préfet, etc, etc.?

L'intérêt qui concerne le Foncier est bien déterminé; c'est pour ce dernier une affaire délicieuse. Il ne garantit que son papier bien et dûment fabriqué, mais aux 6,06 pour 100 stipulés, combien de commissions, courtages vont venir s'ajouter, et puis quelle dépréciation pour les matières hypothéquées, cautionnant. Tout cela n'est point encore affaire consommée, tout cela n'est pas clair autant qu'on le dit, car cela purgerait un passé, mais cela ne garantirait rien de ce qui touche à l'avenir.

Tandis que ce que nous allons faire avec toutes les communes, départements, s'applique à l'avenir, embrasse des travaux, dégage des charges, enrichit l'avenir et chacun. Le fardeau de l'intérêt amortissant est moitié moindre, point d'aléa, de courtiers, de croupiers, etc.

Nous n'avons pas besoin d'en dire davantage, nous n'avons pas voulu faire entendre que nous recherchons la clientèle de M. le baron Haussmann.....

Nous lui souhaitons tous bonnes chances.

Encore une fois et au fond, cette opération a-t-elle la sanction de la morale?... Est-elle simple et facile comme le disent certains organes intéressés? — Je ne le pense pas. — Ici encore M. le préfet est le gros poisson, dévorant d'une seule bouchée ce qui doit être la pâture de mille petits. — De son côté le Crédit foncier a-t-il une position nette, dégagée, lui permettant d'assumer une si grosse responsabilité?

Une personne bien informée m'assure que cet établissement a à ce jour le quart de ses opérations des quelques derniers exercices retenu au *contentieux,* accroché à la cheville ouvrière de l'embrouillée. S'il en est ainsi, comment pourrait-il absorber une si grosse bouchée sans craindre une trop forte indigestion? — Cela n'est pas fait encore.

Des promesses de l'État envers l'Agriculture.
Lettre de l'Empereur, du 16 août 1867, et Rapport de M. le
Ministre des Finances du 28 janvier 1868.

L'IMPUISSANCE DE L'ÉTAT, LA PUISSANCE DE NOTRE SYSTÈME

Nous nous souvenons tous de la lettre remarquable qui a été adressée, le 15 août dernier, par l'Empereur, à M. de La Valette, ministre de l'intérieur :

« Je considère les voies de communication, disait Sa Majesté, comme l'un des plus « sûrs moyens d'accroître la force et la richesse de la France ; car partout le nombre « et le bon état des chemins sont un des signes les plus certains de l'état avancé de « la civilisation des peuples. »

Et plus loin :

« L'enquête agricole a démontré d'une manière évidente que la construction du « réseau complet des chemins vicinaux est une condition essentielle de la prospérité « du pays et du bien-être de ces populations rurales qui m'ont toujours témoigné « tant de dévouement.
« Préoccupé de la réalisation de ce projet, je vous avais chargé d'étudier, de concert « avec le ministre des finances, un ensemble de mesures qui permît de terminer le « réseau des voies vicinales, par le triple concours des communes, des départements « et de l'État. En outre, désireux de faciliter aux communes le moyen de participer « à la dépense, je vous avais invité à préparer la création d'une caisse spéciale « destinée à leur avancer les fonds nécessaires, au moyen de prêts consentis à un « taux modéré et remboursables à long terme. »

Voilà donc les principes posés par l'Empereur, qui a toujours le sentiment des choses utiles. Création d'un réseau complet de voies communales, amélioration de celles qui existent déjà ; ressources fournies par l'État, les départements, les communes, et une caisse spéciale fondée dans ce but.

Nous avons plus d'une fois exposé franchement, loyalement, combien le monde agricole se faisait illusion en se confiant tout en la protection de l'Empereur, et quelle faute il y avait pour une grande nation de tout attendre d'un seul homme.

Cette lettre a été acclamée comme un grand bienfait, une générosité excessive, et ce qu'il y a en elle de plus satisfaisant, ne serait que la réalisation ne serait que l'acquittement bien tardif d'une dette d'honneur.

Mais combien nous sommes loin déjà de cette haute pensée exprimée il y a quelques mois!... N'est-on pas fondé à considérer qu'elle n'est déjà plus qu'un *soliveau?* (Nous empruntons cette figure à un excellent orateur de la majorité, dans la discussion du projet de loi sur la presse.)

La perspective présentée de la triple intervention de l'État, des départements et des communes, se reliant à une caisse spéciale fondée dans ce but, était déjà une illusion; et l'appréciation de la dépense à faire, des travaux à exécuter, était une deuxième illusion, la plus dangereuse.

Il était évident pour tous hommes expérimentés et au courant des situations que c'était s'aventurer que d'entreprendre une tâche aussi lourde avec des éléments aussi fragiles.

Mais voici qu'au bout de cinq mois cet édifice s'écroule de lui-même. En effet, M. le ministre des finances, dans son exposé de situation financière, et présentant son emprunt premier de 440 millions, déclare que l'Empereur s'est trop avancé, et biffe la parole auguste. Que lui substitue-t-il? Presque rien, sinon rien

Apprécions; voici les paroles de Son Excellence :

« La pensée d'accélérer l'exécution des chemins vicinaux par le triple
« concours des communes, des départements et de l'Etat a été ac-
« cueillie avec faveur et reconnaissance par la population des cam-
« pagnes.

« La mise en œuvre du système, en ce qui concerne le concours des
« communes, aurait pu grever l'État d'une *garantie onéreuse.*

« Votre Majesté a bien voulu autoriser l'étude d'un projet reposant
« sur les bases suivantes :

« Les fonds nécessaires à certaines communes seront empruntés à
« l'ensemble des fonds communaux déposés en comptes courants au
« Trésor, qui en paye l'intérêt à 3 pour 100.

« La caisse des dépôts et consignations, déjà autorisée à faire des
« prêts aux communes, serait chargée de ce nouveau service...

« Cette combinaison aurait l'avantage de ménager, par la modération

« de l'intérêt, la garantie de l'État, et d'éviter pour longtemps toute
« émission de titres. » (Quelle sera cette modération ?)

Voilà qui est bien, très-clair. — L'État se dégage, il recule épouvanté.
— En effet, n'a-t-il pas bien d'autres charges, de plus gros soucis que
ceux que peut lui causer le monde agricole ?

On le renvoie à lui-même, sauf à le laisser végéter encore et encore,
car on sait qu'il ne périra pas, — il en restera toujours quelque chose,
et nous avons la liberté sur les céréales ; — si elles nous manquent chez
nous, elles nous viendront du dehors. — Qu'importe à ces financiers
qu'il y ait entre ces provenances une différence de 100 à 125 pour 100.
— Et en effet la France paye, année moyenne, un tribut de 100 à
150 millions, rien que sur les blés ; — elle n'a pas péri, elle n'en périra
pas (mais elle tombera au quatrième ou cinquième rang des nations civilisées).

Quelque éloquemment, quelque audacieusement que ce système soit
présenté, il pèche trop brutalement par la base pour qu'il soit pris pour
argent comptant.

Eh quoi ! on dit à la France qu'on va l'aider à achever le développement de ses chemins vicinaux ; on chiffre à 810 millions le concours
à apporter en commun ; — ce chiffre n'est peut-être pas le dixième de
celui exact : on ne saurait entreprendre les vicinaux sans s'occuper des
ruraux, qui absorberont beaucoup plus ; — et en dernier lieu on dit
aux communes, toutes nécessiteuses :

« Nous vous permettons de disposer de ce que nous confient *tempo-*
« *rairement* aujourd'hui, pour le retirer demain, quelques-unes des vô-
« tres, contentez-vous de cela. »

Mais au fond il n'y a rien en cela.

Au Trésor, le compte courant des communes et des établissements
publics s'élève, au moment où Son Excellence parle ainsi, à 218 millions.—Qu'est-ce donc que cela et comment en disposer pour une longue
période ?.. — Les déposants vont tous retirer.

Que peut en cette occurrence la caisse des dépôts et consignations ?
Rien de plus. — Il n'y a encore là que du provisoire, du fictif.

Par le fait de cette déclaration, M. le ministre a donné en bonne
forme un congé au parti agricole. — En disant que l'Empereur avait
bien voulu autoriser l'envoi de ce système au conseil d'État, il a com-
promis une fois de plus le chef de l'État devant la nation. — Que peut

donc faire le conseil d'État? Va-t-il avoir l'esprit de tirer quelque chose de là où il n'y a rien? — Ah! nous le savons trop; le conseil n'est pas novateur, il n'adore pas les innovations, il les plonge dans le gouffre... Mais les bonnes, les heureuses idées se sauvent toujours elles-mêmes.— Donc le conseil va, fidèle à sa devise, ajourner encore, étouffer. Mais le silence pourra-t-il se faire sur cette désertion, sur cette trahison nouvelle? Non : — il se fera d'autant moins que nous allons exciter l'opinion publique par l'apparition de notre combinaison. — Alors, et en présence de rien à gauche, rien à droite, rien par devant, rien par derrière, on devra nous considérer comme le sauveur de l'agriculture, par contre de la patrie, car pas de patrie sans agriculture.

Voilà pourquoi nous nous réjouissons de ces embarras, de ces cas embrouillés dans les finances de l'État, voilà pourquoi nous ne nous effrayons pas de tant et si fréquentes maladresses, déconvenues, déceptions.

Nous disons plus fermement que jamais : il faut livrer l'agriculture à elle-même, la forcer à se connaître, se sentir s'apprécier. Elle n'a pas besoin de ces protections de haut lieu; — celles-là l'ont toujours trompée; — c'est elle qui protége et couvre tout. Or pour cela il ne lui manque que ce que nous présentons, tout découlera de là.

Maintenant et alors que nous devenons tant et si fort affirmatif, pourquoi recevons-nous une espèce de démenti par l'isolement dans lequel nous sommes? En effet, après de si longues études, après de si nombreux et tant dispendieux écrits, mémoires, etc., etc., nous n'avons à nous appuyer sur aucun personnage, sur aucune association, ou syndicat ou société, etc., etc.; nous n'avons dans le passé, nous ne voyons dans l'avenir aucune protection ni collectivité... Tout retombe sur nous. — Et ce qui est le plus inquiétant c'est que cet isolement a tué en notre entourage, en nos affections intimes, toute confiance : là, plus la plus petite lueur d'espoir à faire partager, — ce qui nous oblige au triste rôle de tromper, d'être infidèle aux promesses de repos.—Promesses faites de bonne foi, promesses impossibles à tenir. — Alors nous nous cachons, nous dissimulons nos actes, nos écarts avec autant de soins et de soucis qu'un écolier couvre par le mensonge ses absences aux classes, ses écoles buissonnières. Mais en cela comme partout la vérité se découvre et nous sommes puni. Et encore nous allons de l'avant.

Qu'ils viennent donc à nous ces si nombreux protecteurs de l'agriculture, en paroles, en jactance; — qu'ils passent aux faits, qu'ils ne craignent pas de se mettre à découvert ; nous n'en voulons citer aucun nominalement, mais beaucoup nous ont trahi, manqué de parole, et parmi ceux-là plus d'un député, plus d'un démocrate de la presse.

Mais qu'importe ! nous allons avec ce *résumé* les attaquer, les reprendre avec une vigueur plus assurée, car nous avons tout pour nous et la combinaison et l'opportunité.

En effet, quel temps serait plus opportun pour recourir à ces grandes mesures ? — Tout dans la nation tremble, périclite : — les questions de stabilité, d'instabilité s'entre-choquent ; — les questions de paix, de guerre se heurtent, — la richesse se cache, la pauvreté se découvre. — On sait à peine ce que l'on est aujourd'hui, on ne sait pas ce que sera le lendemain. — La crédulité, la confiance se remplacent par les défiances, les sournoiseries. — On ne compte plus sur ses amis, on y voit des ennemis, etc., etc. Eh bien, en ces complications, en ces irrésolutions, il faut faire apparaître quelque chose de neuf, si l'on veut que la patrie ne périsse pas. — Et ce quelque chose de neuf, de radical, nous le présentons.

« Écoutez-le bien tous, petits et grands, c'est l'agriculture que vous « dédaignez, sacrifiez, refoulez, et c'est l'agriculture seule qui peut vous « sauver ; — et elle veut le faire !...

Courtisans, flatteurs, imprudents amis, portez donc à l'Empereur ce conseil d'étudier la situation de l'agriculture, de s'en bien pénétrer, s'il veut trouver pour son trône un point d'appui, le vrai, le seul.

Et en cas de silence, FORÇONS LA CONSIGNE.

La question des octrois, droits de régie, fiscalités, etc. Leur remplacement par un changement radical.

M. LE SÉNATEUR PRÉFET DE LA SEINE EN SON CONFLIT AVEC MM. LES GROS USINIERS DE L'ANCIENNE BANLIEUE. — Le charbon.

Nous entreprenons cette grosse et lourde tâche de présenter le moyen de réformer d'un seul fait, *in bloco* ce qui est régie, fiscalité, sans porter aucun préjudice au Trésor ; au contraire, il y gagnera.

Ce système complet, radical, nous conduit à l'émancipation des communes, c'est-à-dire à détacher leurs positions respectives de celles de l'État, à n'attendre rien de lui, à le doter directement, à découvert et plus grassement. — La conclusion de ceci est :

TOUTES PRODUCTIONS DE LA TERRE LIBRES,
TOUTES CONSOMMATIONS ALIMENTAIRES LIBRES.

Napoléon le Grand, alors qu'en son exil sur le rocher de Sainte-Hélène, il méditait sur le passé, sur les causes de ses infortunes après tant de gloires et alors qu'il se croyait si fort, s'est souvent écrié : « Ah! si « j'avais songé plus sérieusement à supprimer les droits de régie sur les « boissons, je serais mort sur mon trône ! »

Voilà ce que savent ceux qui ont lu les mémoires du noble captif de Sainte-Hélène.

Il y a là un enseignement bien précieux à recueillir pour Napoléon III, successeur de Napoléon Ier, mais non successeur direct.

C'est qu'en effet pendant tout le temps qu'a régné le grand capitaine, la nation a fait entendre, dans les occasions les plus solennelles ces cris : « *A bas les droits réunis, les régies, la fiscalité sur les boissons !* »

Et cette récrimination contre les droits si écrasants, si vexatoires sur les boissons, elle s'étendait sur tout ce qui pesait sur la consommation alimentaire, la vie.

Or ce danger que n'a pas su conjurer le premier empire, il existe sous le second empire; il est plus intense, plus imminent. — Et si le maître qui était à la fois guerrier, législateur, financier, économiste, etc., etc., a été renversé parce qu'il a résisté au vœu de la nation, le chef de la dynastie actuelle sera-t-il plus habile à se maintenir s'il ne détruit l'obstacle, s'il ne tue pas l'hydre?

Telle est la question que nous posons. Nous ne nous contentons pas de cela, nous apportons le glaive qui tranchera d'un seul coup les sept têtes de cette hydre, la plus horrible.

Avant d'entrer en cette longue matière nous croyons devoir présenter comme prologue la situation dans laquelle se trouve en ce moment M. le préfet de la Seine, en présence de quelques récalcitrants à la loi commune, quelques mendiants d'exceptions qui se posent comme bien fondés et qui ne sont qu'illusionnés, mal conseillés, qui se couvrent du manteau de l'intérêt général, et dont chacun ne parle et n'agit que *pro domo sua.*

Ici, comme en toutes questions, Paris c'est la France entière; or, l'octroi battu, renversé là, c'est l'octroi battu, renversé partout, c'est la chute générale de ce qui est la cohorte des régies, exercices, fiscalités, etc.

Je relate rapidement.

La loi d'annexion des communes suburbaines à la capitale de France a été une grande mesure; elle restera un événement marquant dans le règne actuel. — Cette loi a été sage, prévoyante, progressive dans l'application des surcharges et rigueurs qu'elle apportait dans l'exercice des industries existantes et dans les intérêts à sauvegarder.

Cette loi, rendue le 1ᵉʳ janvier 1860 pour n'être applicable que le 1ᵉʳ janvier 1867, a été généralement acceptée sans réclamations ni protestations. — C'était lui rendre hommage. — Cependant cette loi a été, aussitôt son application, dénaturée, violée même, et ce par le pouvoir le plus éclairé, par le décret impérial qui la promulguait. — La condition *sine qua non* d'une loi est celle-ci : ÉGALITÉ POUR TOUS, elle a été enlevée à cette loi.

Elle était édictée en présence de tous, elle n'a été appliquée qu'à quelques-uns, à une catégorie de cent soixante-dix contre huit à dix mille.

Et, chose incroyable, c'est que *l'excuse* de cette exception est venue violer cette autre loi de la nature : PROTECTION, préférence aux PETITS, aux INFIRMES !

Par une sage sollicitude, la loi accordait la prorogation du *statu quo* au profit de toutes industries, usines en cours d'existence, qui consomment le charbon de terre, considéré ici , et à juste titre , comme le PAIN de l'industrie.

C'était dire que tout foyer consumant le charbon de terre au profit de l'industrie quelconque serait affranchi du droit (qui allait frapper ce combustible) pendant SEPT années.

A côté de cette exonération à l'égard des usiniers, la loi en édictait une autre, plus libérale encore, en faveur des *entrepositaires*, qui jouiraient de l'immunité pendant DIX ans.

Or qui dit entrepositaire dit gros commerce, vente en gros; ceux-là sont peu nombreux et forment la catégorie des puissants.

Il n'en est pas de même des industriels ayant foyers à brûler les charbons. Ceux-là sont d'espèces très-variées, de degrés d'importance également très-variés et difficiles à bien saisir, apprécier. — C'est là que s'est trouvée l'application difficile, sinon impossible de la loi. — L'exercice de régie constitue une intervention de l'autorité, — intervention supportée péniblement. Elle est considérée comme arbitraire; elle impose une surveillance incessante, un envahissiment du domicile. D'autre part, cette mesure est très-coûteuse à l'autorité. — Le préposé est toujours sous l'influence de cette pensée triste, que le déclarant le trompe, dissimule le *quantum* consommé. — De son côté, l'usinier est porté à croire que *tromper l'autorité*, c'est ne faire de tort à personne. De là, défiance réciproque.

Pour lever ce cas de guerre, et afin de ne pas descendre dans des détails minutieux, on a tranché le nœud gordien, non par l'épée d'Alexandre, mais par l'arbitraire de M. le préfet.

On a fait admettre dans le décret impérial, article 25, que « les usi-
« niers consommant plus de cent tonnes de charbons par an seraient
« seuls admis au bénéfice de la franchise de sept ans concédée par la
« loi en termes généraux.

On voit de suite la conséquence de cette distinction : — dès lors *plus d'égalité devant les charges de l'impôt.* — Et sur un nombre de peut-être huit à dix mille foyers à combustible de charbon *industrie,* il ne s'est rencontré que cent soixante-dix gros admis à l'exonération.

Est-ce bien la difficulté de répondre à la loi à la lettre qui a prévalu en cet examen? n'est-ce pas au contraire la perspective du *lucre* qui l'a emporté?—Nous ne nous prononçons pas. — Nous constatons que les petits, les moyens, qui brûlaient au profit de l'industrie et travaillaient plus ou moins directement pour le MARCHÉ GÉNÉRAL de dix à quatre-vingt-dix-neuf tonnes de charbon, ont été dès le 1er janvier 1860, obligés de payer le droit de 7 fr. 20 par tonne, tandis que les absorbants de cent, mille tonnes et plus, ont été déclarés exonérés jusqu'à fin 1867. — On sent de suite la partialité, l'injustice.

Les petits sont les plus dépourvus. — Ils n'ont pas, le plus souvent, le capital, le crédit, pas de terrains à eux. — Ils payent les matières plus cher, achètent en quantité minime, et ils subissent la concurrence des MATADORS.

Ces gros, au contraire, ont tout, capital, crédit, rapports directs, brevets, etc., etc. Ils sont sur leurs propriétés, et ils ne payeront pas les 7 fr. 20 pendant sept ans.

Cependant cela a prévalu sans soulever de murmures, cela s'est exécuté de bonne foi. — Les accablés ont travaillé, et ils n'ont pas déchu, ils ont vaillamment suivi les hauts placés. — QUEL EXEMPLE ! — Mais probablement ils ont végété.

Eh bien, en présence de cette abnégation, voici ce qui s'est produit parmi les gros aussitôt que le délai de jouissance exceptionnelle est arrivé à terme

L'administration n'a pas perdu, on le pense bien, vingt-quatre heures.

L'heure sonnée, elle a fait jouer l'instrument de l'exercice ; elle a réclamé, reçu les droits dus. — Aussitôt cela a paru dur, cela a semblé trop fort, cela a été taxé d'arbitraire. M. le préfet, qui n'a été qu'interprète de la loi, a été attaqué avec véhémence, on a comploté pour faire résistance, on s'est laissé poursuivre, exécuter, etc. On a plaidé, on a perdu ; on a replaidé et reperdu.

Un journaliste, un écrivain distingué, un économiste célèbre, Michel Chevalier, sénateur après sa campagne du libre échange (laquelle n'est réellement qu'un tiers, une moitié de campagne), s'est mis à la discrétion des réclamants, se disant servir le travail national, l'intérêt général ; il ne servait qu'une fraction, une coterie. — Il a le monopole des colonnes du *Journal des Débats*, et il en a usé, abusé au service de cette cause : l'exception...

Au fond, quelle était la pensée des privilégiés réclamants? Ils voulaient être placés sur le même degré que celui occupé par les entrepositaires, c'est-à-dire avoir une prorogation allant jusqu'à dix ans.

Mais cette prétention, modeste en apparence, avait une arrière-pensée. — Ils croyaient, ils étaient convaincus que, les dix ans expirés, le droit des entrepositaires serait prorogé encore d'une période décennale ; — et alors ils suivaient assurément : cela n'était pas maladroit, mais c'était audacieux, illusoire. — Ici lesdits cent soixante-dix ont joué parfaitement la comédie du sentiment, du pathétique ; ils ont invoqué la cause du travail libre, des ouvriers ; ils ont montré les grèves, les misères, la concurrence, l'écrasement, la ruine de leurs industries, les sinistres généraux, etc.

Mais à côté de cela il y avait les petits, les moyens, accablés depuis sept ans desdites charges, et encore sur leurs jambes, faisant flamber leurs foyers, occupant les ouvriers, soutenant les concurrences et ne disant mot. On a vu quelques-uns des exonérés préférer payer l'impôt afin de se soustraire aux rigueurs, aux humiliations de l'exercice. (Ils n'ont pas dit comme les gros : expropriez-nous.)

Nous signalons ici toutes les phases, les péripéties de ce drame, « le procès entre M. le préfet et les gros usiniers, » drame qui a tant occupé et qui a été sainement apprécié par si peu, parce que nous en tirons une haute et précieuse maxime. Au nom de l'intérêt général, au nom des gros, des petits, nous disons : *Oui*, les griefs soulevés par les plaignants déboutés sont fondés, les plaintes sérieuses, les aspirations légitimes, mais cela à la condition que cela sera levé, accordé pour *tous* et non pour quelques-uns, les moins à plaindre.

C'est pour faire ressortir le droit de tous à être exonérés également que nous sommes entré dans ces long détails.

Nous ajoutons que ce qui est dur, inique pour le charbon, le pain de l'industrie, est dur pour tous objets notoires de consommation industrielle, notamment de consommation alimentaire.

Oui, assurément, il y a à faire une réforme, mais générale. Il y a à classer sur de nouvelles bases, afin d'effacer de grosses iniquités. Nous exposerons tout à l'heure dans un chapitre spécial nos idées sur ce sujet.

Ce qui nous reste à faire ici, c'est de constater l'état actuel du fameux procès et les tendances des deux parties.

Ceci est instructif : M. le préfet de la Seine, après un succès double devant deux juridictions, et en cela d'accord avec l'autorité supérieure, a fait présenter ou entrevoir à la partie vaincue un arrangement, une transaction. Il en est résulté une trêve.

On négocie, on propose comme expédient le moyen de convertir l'action régie par une mesure nouvelle : ce serait l'abonnement. Arrêtons-nous sur ce mot. Rien n'est neuf en ce monde, et l'abonnement s'est pratiqué en mainte occasion. Il s'adapte parfaitement au système des charges publiques; nous-même nous l'avons indiqué, conseillé dans notre plan de conversion présenté depuis plus de deux ans.

Mais qui dit abonnement dit aussi généralité; or, en la thèse, il n'est encore question que d'exception, c'est-à-dire les 170 gros, et nous ne voulons pas cette catégorie,

Ce serait donc encore au mépris des droits de tous que cette transaction s'accomplirait, et elle aurait de plus ce triste effet, une fois posée, de reculer de beaucoup la délivrance générale. Nous la combattons, nous la repoussons.

Le moment est venu de lever les masques, de casser les vitres. Plus d'hypocrisie.

Ce que le procès a mis le plus à découvert, c'est que le système d'entrepôts est mauvais, donne lieu a de graves abus, et ne peut se continuer au delà du délai fixé par la loi.

Il y a longtemps que nous avons dit à ces 170 gros usiniers : Vous soutenez une mauvaise cause ; vos points d'appui portent à faux ; vous faites de la démocratie et vous êtes très-aristocrates ; soyez sincères, venez avec nous, aidez-nous dans nos aspirations généreuses, générales. — Ne mendiez pas l'expropriation.

Ils nous ont repoussé. Ils n'ont pas voulu déplaire à Michel Chevalier (sur lequel nous reviendrons tout à l'heure). Mais encore cette transaction, si elle s'opérait, elle ne pourrait surgir que d'une LOI ; et en présence d'une discussion au Corps législatif, *coram populo*, il n'est pas probable que ce système prévale. M. le préfet n'a pas le droit de retrancher, d'adoucir même une loi, bonne ou mauvaise ; il faut une autre loi ; et alors l'égalité triomphe.

Ajoutons que, depuis que cette guerre est allumée, M. le préfet a été convaincu d'avoir commis à l'égard des octrois, sur bien des matières premières, des illégalités, des infractions graves à la loi commune. Il aurait accordé à quelques-uns ce qu'il refusait à d'autres. Il a fait l'arbitre suprême, et en cela on sait qu'il s'y connaît. Cette dictature est déplaisante, révoltante, et elle ne peut continuer. D'un autre côté, ce despotisme ne cessera qu'avec la fin d'un système usé, à bout d'expédients.

Or nous ne sommes pas accoutumés à voir les abus, les exactions se retirer et nous remercier de notre patience. Il nous faut les congédier, les chasser de force, soit par l'ascendant moral, de l'opinion publique, soit par la loi du plus fort.

Nous avons toujours pensé que de cette querelle entre le préfet et ces quelques usiniers, surgirait la réforme générale ; c'est pourquoi nous l'avons suivie, expliquée. Maintenant nous disons au peuple : Cela peut durer longtemps ; vous pouvez être joués, baffoués. — C'est une guerre de Troie ; il vous faut pénétrer dans la place, dussiez-vous inventer le cheval de bois.

« Je viens à votre aide en vous offrant le mode le plus équitable pour
« que l'impôt soit supporté par tous et également et par abonnement.

« Or l'abonnement se base sur quoi ? sur l'occupation, sur l'appréciation de situation du genre de vie, etc., etc. » Vous allez en être connnaisseurs pénétrés tout à l'heure.

Laissez-moi vous dire encore que tandis qu'on se chamaille, on parlemente tant et si fort à l'occasion du charbon de terre, le pain de l'industrie, on livre aux barbaries, aux exactions de la fiscalité votre pain du corps, celui quotidien. — La farine est taxée.

Oui, la cité de Paris, elle si noble et si fière, a osé décréter un impôt sur le pain. — En cela, elle est l'unique, la barbare des barbares, et en son action affreuse elle a été hypocrite, elle a couvert cette mesure par un semblant de protection, qu'elle a appelé système de compensation.

Je ne puis m'étendre ici sur ce qu'a de faux, de bâtard, cet expédient; je l'ai mis à découvert dans maintes occasions.

Je me borne donc à faire connaître à cette heure que le 2 novembre dernier j'invitais par une lettre pressante, caractérisée, MM. les membres du conseil municipal de Paris à prendre la sage initiative de suspendre, sinon supprimer l'impôt du pain, moyen le plus rationnel, effectif pour combattre la cherté, paralyser l'action de la spéculation. Et en cela j'étais certain de ce que disais. Qu'est-il arrivé de cette lettre? Le contraire de ce je devais en attendre. Le 8 novembre, M. le préfet rétablissait la mise en vigueur de ce système de compensation que j'avais présenté comme à présent impraticable, en présence des libertés accordées, etc.

En cela, M. le préfet, qui connnaissait ma lettre, avait-il consulté son conseil? Non, si j'ai été bien renseigné, le conseil n'a pas été consulté sur cette grave mesure.

Eh bien, si les 2 francs perçus par l'octroi sur un sac de farine, ce qui porte l'impôt à 1 centime par kilogramme, avaient été retirés, la hausse était paralysée, doublement arrêtée. Au lieu de cela, la hausse a été *stimulée;* boulangers, meuniers, qui s'entendaient pour la combattre, la refouler, se sont dit alors qu'ils ont vu reparaître la compensation :

« Puisque la caisse municipale intervient encore, laissons aller le courant. »

Heureusement, et par la force des choses, le courant n'a pas monté. Et cet intervenant, le système, pourra n'en être que pour ses frais d'exploitation. Mais cela aura donné de l'importance et du pain à quelques gens entourant l'autorité.

Conclusion : « Ces interventions de l'autorité sont de fausses enseignes, des rongeurs, des grugeurs, etc., etc., des auxiliaires aux passions, aux cupidités, Arrêtons, balayons, balayons, etc., etc. »

Suppression de tous droits fiscaux, de régie, d'octroi, etc., portant sur les produits de la terre, pesant sur la consommation alimentaire (ce qui constitue la vie).

Application d'un droit unique, individuel, par abonnement, déterminé par la catégorie afférant à chaque être, d'après sa position sociale, son occupation, etc., etc.

Rien n'est neuf en ce monde, et le plus souvent ce que l'on veut faire accueillir comme progrès, on a besoin de le prendre dans le passé, c'est alors que ce qu'on croit sorti de son cru, on le retrouve dans le passé.

Ici nous allons déterminer pour chacun ce qui lui incombe pour payer à l'État, sa dette de la vie, le droit de vivre, de se nourrir, de respirer même. Cette charge est acceptée puisque chacun la paye, mais d'une façon indirecte, insaisissable, égalité, mais égalité contre nature. Il s'agit de transformer ce qui est indirect en direct, saisissant, égalitaire relativement.

Nous faisons ressortir tout d'abord ce que nous entendons par égalité et relatif. Chacun vit à sa guise ou selon ce que lui impose sa position; chacun occupe. — Le château n'est pas assimilable à la chaumière, la mansarde à la ville n'a point de comparaison avec l'hôtel, etc., etc.

Nous n'admettons pas l'intervention indirecte de scruter à fond la fortune, les ressources ; nous nous arrêtons à la surface, à l'appréciable, Nous savons bien que beaucoup qui vivent modestement, médiocrement, pourraient, devraient vivre avec aisance et splendeur. Cela nous échappera, mais, et par compensation, beaucoup qui ont peu ou point de patrimoine, de ressources exactes, vivent, occupent au delà de leurs ressources. — Ce sont les imprudents, les vaniteux (quelquefois ils sont cela par la nécessité de dissimuler). Nous trouvons donc dans ce contraste *compensation.*

L'histoire de Paris nous apprend qu'avant 89, il y avait, place de Notre-Dame, un tribunal arbitral permanent qui statuait sur la part que chacun devait apporter à la taxe des pauvres. Les sentences de ce tribunal étaient exécutées avec autant de force que des jugements signifiés par huissier. Les membres désignés pour former le comité étaient exacts autant que s'ils eussent été contraints.

Donc chacun payait son tribut à la loi des pauvres en raison de ce qu'il présentait soit en sa déclaration, soit à la surface, à l'occupation. Et c'est bien là qu'est la base de l'intervention relative, proportionnelle. Nous y ajoutons l'abonnement.

Nous perfectionnons. — L'Angleterre se base sur les mêmes formes pour ce qui est de ses droits et ses frais de paroisse. — Donc rien de neuf, mais PERFECTIONNEMENT.

Voilà ce que nous avons arrêté, présenté il y a deux ans, ce qui peut-être est susceptible d'être amélioré, mais ce qui au fond est exact et doit servir de BASE. — Exposé de janvier 1867 :

« Les droits d'octroi, régie, exercice, fiscalité, etc., seront, à dater
d   supprimés,

« Ils seront remplacés par un impôt PERSONNEL, relatif, proportionnel, résumé en un ABONNEMENT, après CATÉGORIE et sur RECENSEMENT.

PRINCIPE. — Production du sol de la terre, liberté, libre arbitre. — Consommation sans entraves au dedans, réciprocité, compensation au dehors.

« Du moment où nous sortons du sein de notre mère
« Au moment où nous devenons poussière,
« Nous n'avons été que CATÉGORIE.
« Du plus élevé, le chef de l'État,
« Au plus bas, le vagabond,
« Tout n'est que CATÉGORIE,
« CATÉGORIE, CATÉGORIES,
« Loi sociale, justice, force, tout est là. »

Si cela est vrai, et incontestablement c'est la vérité, notre ligne de conduite dans cette grande réforme, ou plutôt cette substitution, est toute tracée.

Les inégalités s'effacent par les CATEGORIES.

Le progressif, si difficile à atteindre, est dans la CATÉGORIE ; hors de là tout est faux, arbitraire et s'use rapidement.

Et ce qui nous conduit à la catégorie, c'est le RECENSEMENT. — Le recensement est de la nation civilisée le journal de son grand-livre.

Assurément chacun a le droit de vivre à sa manière et comme il l'entend ; mais aussi chacun a le devoir, l'obligation de subvenir, dans une proportion relative et selon sa manière de vivre, aux charges et conditions que comportent l'état social, les charges de la vie.

Partant de ce principe, nous disons, nous prétendons, que ce n'est ni sur la terre qui produit, ni sur les objets utiles à notre vie qu'elle produit, que peuvent et doivent être prélevés les frais incombant à la vie. Ces charges sont distinctives de celles afférentes à la propriété, à la possession, à l'exploitation. — Elles sont tout et toutes à la vie, à l'OCCUPATION : se nourrir, s'abriter, dormir, se réveiller, manger encore et toujours.

C'est donc sur le SUJET lui-même et directement que doit frapper cet impôt, cette taxe de la vie.

Et ce SUJET détermine lui-même et par lui seul le DEGRÉ, la CATÉGORIE qui lui incombent, parce qu'il choisit, il détermine son genre de vie, ce qu'il prend à la nature par les usages, les habitudes qu'il contracte selon ses goûts, ses facultés, ses capacités.

En principe cet impôt incombe aux campagnards, aux urbains,—URBI AGRISQUE.

Ceci posé, nous nous éloignons tout à fait de la pratique actuelle et nous ouvrons une ère nouvelle sans commotions ni secousses.

Et voici en peu de chiffres la situation exacte de l'avenir :

La France a en ce moment une population de 37 à 38 millions d'âmes, toutes recensées, enregistrées ou devant l'être. — Chacun vit, grouille, végète selon la part que la nature lui a assignée d'abord, et ensuite selon le degré d'appui, d'intelligence que la société lui a communiqué. — Dans cet état de situation nous avons à trancher, diviser, subdiviser et nous le faisons ainsi :

Nous occupant d'abord des imperfections de l'humanité, prenant en considération ses misères, les châtiments, les calamités, les fléaux, nous faisons d'abord et largement la part des INCAPACITÉS, des IMPUISSANCES, des INFIRMITÉS, des ADVERSITÉS, des SERVICES PUBLICS.

Et des 37 à 38 millions nous retranchons, comme appartenant à ces catégories, 7 à 8 millions ; ce qui réduit à 30 notre contingent de forces et matière à recrutement.

Nous dressons d'abord le tableau de ce que nous avons à demander, à recueillir, c'est-à-dire ce qui entre maintenant dans la trésorerie de l'État et ce qu'il importe de lui conserver.

	SOMMES.	
	minimum.	maximum.
Les octrois produisent brut, (impôt de Ville).	170 millions	200 millions
Les sucres, colonies françaises 46		
— étrangers. 48	155 —	175 —
— indigènes. 61		
Boissons	213 —	220 —
Sels, dans le rayon de douane. 23	34 —	36 —
— Consommation 11		
Produits divers.	15 —	20 —
Portes et fenêtres.	47 —	50 —
Impôt mobilier	33 —	35 —
Ensemble. . . .	667 millions	736 millions

A ces chiffres et chapitres nous ajoutons le chapitre de dotation des communes, leur budget particulier. . . . . **114 millions**

Total maximum. . . **850 millions**

Nous mentionnons comme faisant partie de la vie ce qui est portes et fenêtres, c'est-à-dire le jour, l'air, puis le mobilier, ce qui est la propreté, l'attachant au foyer demestique.

Il nous faut donc faire la chasse à *huit cent cinquante millions* pour rentrer largement dans les dépenses de taxes d'impôts afférentes au DROIT DE VIVRE.

En mettant en présence de ce gros chiffre le chiffre de la population *capable*, 30 millions, nous trouvons par tête une charge de 28 fr. 31 c.

On le voit tout aussitôt, cette charge de 28 fr. 31 c., imputable à chacun pour avoir la liberté de produire, consommer, agir, opérer selon son libre arbitre, est relativement peu de chose. — Ensuite c'est le connu, l'appréciable.

Est-ce à dire pour cela que chacun devra payer à l'État, ce *grand absorbant*, cette somme par égalité ? — Assurément non. Ce serait pour les uns, pour beaucoup, TROP ; — ce serait pour les autres, la minorité, TROP PEU.

C'est donc à cet égard que se présente la CATÉGORIE, qui vient faire égale la part de chacun relativement, PROPORTIONNELLEMENT. — Ce principe admis, voici ce que nous présentons comme base de répartition.

Population, 38 millions ; exemptés, 8 millions ; reste 30, desquels nous faisons six catégories :

1ʳᵉ 5 millions payeront	5 fr., soit	25 millions		Cela ferait par tête 30 fr., soit : par mois 2 fr. 50 ; par jour, 8 c. 2/10, en moyenne, et par chaque catégorie :
2ᵉ 5	— 10	— 50	—	
3ᵉ 5	— 15	— 75	—	
4ᵉ 5	— 25	— 125	—	
5ᵉ 5	— 50	— 250	—	
6ᵉ 5	— 75	— 375	—	

```
1ʳᵉ        2ᵉ         3ᵉ
1 c. 6/10   3 c. 1/10   4 c. 7/10

4ᵉ         5ᵉ         6ᵉ
6 c. 8/10  11 c. —   20 c. 1/10
```

30

Ce qui fera un total de fr.   900 millions

Neuf cents millions, c'est-à-dire cinquante de trop. — Sur quelle catégorie les retrancher ? On *peut les maintenir*. — Nous pensons même qu'il y aurait une *septième* catégorie à créer, celle des EXTRA-FORTUNÉS, des GROSSES et LARGES JOUISSANCES de TOUT EN TOUT, — des gros traitements. — Ne pourrait-on pas demander à cette bienheureuse catégorie cent francs, deux cents même ? L'avantage sera encore et toujours de son côté. — Ils seront encore les privilégiés. En portant seulement à un million les membres de cette catégorie surtaxée de 125 fr., cela produirait 125 millions.

Telle est l'arme de précision que nous présentons pour tuer l'abus le plus criant de notre époque, comme aussi celui qui est *à bout*, — et pour faire renaître à sa place le résultat *supérieur*, légal, égalitaire, humain.

Les chiffres BRUTS que nous avons posés comportent le coût de l'exercice, qui peut être évalué à 5 pour 100 au moins. Ce résultat grossissant permettra de donner des retraites à certains agents qui seront supprimés et qui ne pourraient reprendre d'emploi.

La *catégorie* grosse des exemptés se composera des vieillards infirmes sans ressources, hospitaliers, hommes sous les armes, enfants dépassant trois dans les familles peu aisées. — Cette catégorie n'atteindra pas huit millions.

Il ne s'agit, pour organiser ce service, que d'établir un *recensement* exact, fidèle, l'entretenir, le maintenir.

Arbitrage amiable de famille.

Cet arbitrage est le tribunal suprême des taxes. — Il se forme par élection et dresse les listes des électeurs, etc.

Déjà cette comptabilité existe, puisque c'est sur elle qu'est basée la conscription, ainsi que les états civils. Donc à cet égard rien de nouveau, pas d'obstacles. — Le service des livrets, moyen de justification, sera utile.

Déjà nous l'avons dit, PARIS, LA CAPITALE, présente le *nœud gordien* de la question. — C'est Paris qui a le plus usé, le plus abusé de *l'octroi.*

A cet égard, cette ville est *cruelle, barbare.* — Elle est la seule qui ait osé porter la main sur le SEL, sur le PAIN. — *Malheur à elle !* Il est temps que cela cesse.

Et cette grande *cité*, si bien, si mal administrée, ne peut que gagner énormément à ce changement de système. — Elle grandira et grossira énormément. Elle sera le *grand entrepôt de tout et de tous.* Nous lui assurons un revenu bien supérieur.

Et si les emprunts qu'elle a faits et qui pèsent sur l'avenir étaient un obstacle, nous présenterons une mesure d'intérêt général qui détournera cet obstacle.

Ainsi, vous, producteurs de tout, vous aurez faculté, liberté de tout produire sans entraves.

Ainsi, vous, consommateurs de tout, vous pourrez satisfaire vos goûts librement, sachant à l'avance ce que cela vous coûte.

Nous ne nous occupons ni préoccupons du TABAC ; il n'est ni aliment ni condiment, — il est *fumée, évaporation.* — Laissons-le donc où il est. Il produit 227 millions. — Il coûte à ceux qui en usent beaucoup plus que ne leur coûtera le DROIT DE VIE. Il est cependant, au point de vue de *l'agriculture*, un produit à grandes ressources, et à cet égard il mérite d'être mieux traité par l'Etat.

Nous croyons ce tableau fidèle très-praticable. Toutefois il n'est pas complet, — et ne s'en prend qu'à l'espèce humaine. — Or en dehors de celle-là et inhérente à elle, il y a l'espèce domestique ANIMALE qui vit, qui s'alimente, consomme et travaille. — Il y a encore l'espèce FOYER industriel, qui dévore le combustible et nourrit le travail. — Ces deux catégories sont importantes, considérables. — Leur incorporation dans l'impôt est équitable. — Elle s'étend à ce qui est *luxe.* — Elle est en relief, palpable, elle est OCCUPANTE au premier degré. — C'est donc une ressource immense à ajouter.

Les Communes émancipées.

On peut, on doit saisir combien ce système met les communes en présence d'elles-mêmes. — Elles sont l'arbitre des catégories; — elles jugent, apprécient, perçoivent. Elles font la part du trésor public, elles s'appliquent la leur. Ce mode d'impôt échappe à tout arbitraire, il a le caractère de la mutualité, de la coopération, de la participation.

Chaque clocher a sa surface déterminée, sa population. Rien ne peut échapper à cette loi, la plus DOUCE.

De tous ces droits que nous enfermons en un seul, ceux qui pèsent sur les boissons sont les plus lourds, les plus odieux. — La betterave, produit du Nord, réclame pour ses alcools communs. — Les eaux-de-vie des Charentes réclament. — Les vignobles nobles et prolétaires réclament avec véhémence. — Toutes ces voix qui s'élèvent sont imposantes; — elles se groupent par des pétitions à signatures de dix à soixante mille. — Cela est très imposant, mais cela disparaît dans les catacombes bureaucratiques; — le ministre croit avoir obéi à son mandat alors qu'il a répondu par une lette polie. — A cet isolement, à ce caractère personnel de localité, il faudrait un LIEN COLLECTIF; — il faudrait des réunions sérieuses, — UN CONGRÈS. — Nous avons déjà préconisé ce moyen; il n'a pas eu d'écho. — Demandé timidement, par quelques-uns, il a été refusé PAR LE PRÉFET DE POLICE. — Ne peut-on pas se demander QUEL DANGER FLAIRAIT LA L'AUTORITÉ? Notre dernier mot ici. « Le droit de réunion doit être le plus étendu. »

Deux mots sur l'impôt timbre.

Au moment où nous traçons ces lignes, notre attention est arrêtée sur la discussion qui se produit à l'Assemblée législative à l'occasion de la loi de la PRESSE. — Il y a là un impôt dont nous avons bonne envie de nous emparer, — CELUI DU TIMBRE.

Qu'est-ce que le timbre? C'est une charge qui porte sur les *imprimés* circulant plus ou moins directement. — Or les imprimés, journaux, quelle que soit leur nature, brochures, livres, etc., etc., ne sont autre chose qu'un aliment, une nécessité de la vie. — A ce titre cet impôt du timbre nous appartient, nous le réclamons et nous le caserons très à l'aise dans notre catalogue. — Il produit 7 millions. Et avec quel triste énergie les organes du fisc se débattent pour maintenir ce chiffre au budget ! — Cela nous fait peine et pitié. — Nous disons donc ici : Nous dégagerons les écrits de cette entrave, — nous rendrons le terrain de la pensée LIBRE comme la terre, — et les richesses qu'il produit iront directement à la consommation. — Ainsi traitées, elles produiront bien plus, elles trouveront des consommateurs partout, dans toutes les classes, à tous degrés. — Elles feront jaillir les éclairs qui restent concentrés dans l'esprit. — Et s'il se produit par-ci par-là QUELQUE IVRAIE, le bon grain l'étouffera rapidement. — Et ce bienfait ne sera pas le moindre de ceux que nous apportons.

Nous reviendrons tout à l'heure sur ce sujet, en notre chapitre sur la PRESSE en face de l'AGRICULTURE.

L'instruction, l'éducation dans les campagnes, l'enseignement agricole théorique et pratique.

Les progrès sont solidaires comme les libertés sont sœurs. — Les progrès qui résulteront de nos constitutions de MINISTÈRE, de BANQUE, obligeront, précipiteront le progrès de l'intelligence. Et à cet égard il y a énormément à faire. — L'enquête a constaté que les deux côtés faibles dans les campagnes, c'était l'ÉTAT obscur, bouché, des esprits, de l'intelligence, et l'état vide des caisses, le dépourvu de perspectives de crédits, etc., etc. — Nous suppléons à ce dernier point, et de ce fait nous levons les barrières qui arrêtent le premier.

Nous n'avons à exposer ici aucune théorie ; nous recommandons les *principes* simples, exacts. Les deux ministres compétents ont pris à cet égard une noble initiative. — Ils rencontreront beaucoup d'écueils, sauront-ils y échapper ?

Nous relevons d'un exposé bien traité ces phrases :

« Les professeurs d'agriculture doivent être, dans la pensée des deux
« ministres, généreusement *rétribués par l'État*, et c'est justice ; mais
« on verra sans doute accourir une nuée d'incapables et de déclassés
« alléchés par l'appât de beaux traitements, et munis d'un fort léger
« bagage agricole. Il y a là un grave péril. Si le choix de ces professeurs
« n'était pas de nature à offrir les plus sérieuses garanties de capacité
« et à obtenir la complète adhésion des cultivateurs, naturellement un
« peu défiants, cette œuvre excellente serait compromise et peut-être
« discréditée pour longtemps. Il ne suffit pas d'avoir appris l'agriculture
« dans les livres pour pouvoir l'enseigner, ni même d'avoir passé quel-

« ques années comme élève dans un institut agricole ; il est nécessaire
« pour avoir une pleine autorité en cette matière, d'être réellement,
« sérieusement praticien, dirigeant ou ayant dirigé une exploitation en
« ses risques et périls. »

Nous n'irons pas au delà ; ce que nous avons besoin de constater c'est
que « en apportant l'aisance, en développant le bien-être, nous faisons
« éclore le germe de toute éducation. »

Il faut, croyons-nous, des conférences ; il faut former des conféren-
ciers. — Il y a dans toute commune deux hommes bien précieux pour
cela : — c'est d'abord le pasteur, mais à condition qu'il sera là homme
de bien en même temps, peut-être avant d'être homme de Dieu ; — c'est
ensuite l'instituteur. Que ces deux hommes d'un caractère élevé s'en-
tendent et se donnent la main, les esprits et les cœurs s'enrichiront, les
mœurs s'élèveront rapidement. — « *Mais, encore une fois*, que l'État se
mêle de cela le moins possible.

L'agriculture et ses mandataires **MM**. les Députés

J'aborde ce chapitre avec appréhension. Il me faudrait éviter les
personnalités, et je ne le puis. Je vais tâcher de concilier le respect dû,
la modération toujours précieuse et la vérité toujours bonne à dire.

Eh bien, les agriculteurs, les campagnards ne sont pas assez directement représentés à l'Assemblée législative. Ils commencent à le sentir ; ils le savent, et, ce qui est plus, ils le DISENT. Dans quelques-unes
de ces réunions-DINERS DE L'AGRICULTURE, quelques agriculteurs ont
fait ressortir ce qu'avait pour eux, pour le pays, de regrettable cette
manière de céder, tantôt à une position de fortune ou d'honneur,
tantôt à l'entraînement de la parole, et on s'est écrié : « *N'envoyons plus
« à la Chambre des privilégiés, des avocats, choisissons des nôtres.* »
Nous ne pouvons trop encourager ce sentiment. Nul plus que nous
n'a été à même de connaître combien peu MM. les députés accordent
au monde des campagnes.

« Et de ces quelques-uns qui se posent à la Chambre comme les porte-
« drapeau de l'agriculture, nous n'en voyons pas un qui tienne ce
« drapeau d'une main ferme. Ils le laissent plus ou moins flotter au
« vent des vanités, des aspirations aux faveurs, etc. »

Les faits parlent et ils restent, *factu manent ;* et en voici un, nous le
produisons sans passion, mais parce qu'il abrége et simplifie notre
tâche.

C'est une lettre ainsi conçue : « Je tiens grand compte à M. Gosset de
« son zèle et de son dévouement pour l'agriculture ; mais je le prie de
« me permettre de juger moi-même des droits et des devoirs qui m'in-
« combent relativement à la défense de ses intérêts. Ayant si peu de
« temps disponible que je suis obligé de me limiter à certaines questions,
« je ne puis me porter partout. — Quant à la petite subvention qu'il me
« demande, je suis forcé de me limiter également : les demandes de sub-
« ventions et de prêts se sont tellement multipliées, elles sont arri-
« vées à une telle somme (plus de 100,000 fr.), que je suis obligé de me
« faire une règle absolue de refuser.

« Je suis son très-humble serviteur.

« Mis D'ANDELARRE.

« Paris, 14 décembre 1867. »

Cette lettre répond à la prière adressée par moi à l'honorable marquis
député (qui s'est fait honneur, en pleine Assemblée législative, de n'être
qu'un *paysan*) de vouloir bien se charger de prendre en main l'amendement que j'ai formulé au nom de l'agriculture, et qui avait sa place
marquée dans la discussion de la loi sur l'armée Voici son texte : « Le
« sel et le contingent de l'armée. — Amendement par l'agriculture au
« projet de loi sur l'armée. — Épigraphe : *Cedant arma agriculturæ*. »

Il fallait à cette haute pensée un ardent protecteur, un député bien
posé. C'était un noble mandat que celui de la porter à la tribune et
la développer. Ce travail était de nature à exercer une influence sur le
sort de cette question capitale pour l'agriculture.»

J'ai jeté mon dévolu sur M. d'Andelarre, que je connais, que je suis
depuis plus de cinq ans, qui sait avec quelle ardeur, avec quel désinté-
ressement je me suis attaché à la cause que je croyais très-sienne.

Et sa réponse se traduit alors : « Je n'ai rien à accueillir des autres ;
« j'attends tout de moi.» Mais aussi elle dit ceci : « Je ne puis rien par moi,
« car je m'occupe de tout et ne m'attache à RIEN. » Et quelle est la
prétention de M. le marquis ? C'est d'être le premier homme de l'agriculture à la Chambre, son brillant avocat, etc., etc. Et, en résumé,
qu'a dit, qu'a fait M. d'Andelarre? Rien de précis, rien de caractérisé.
Qu'a-t-il produit, obtenu? Rien. Voilà l'homme en relief Les autres
qui suivent ne sont ni meilleurs, ni moindres ; ils se seraient déclinés, ou
s'ils m'avaient promis, ils auraient manqué à leur parole, prenant
pour excuse l'entraînement de la discussion, etc., etc.

Quant au paragraphe relatif à une subvention, il s'agissait d'une somme de 100 fr. que je priais M. d'Andelarre de me prêter pour quelques jours, ayant besoin de satisfaire d'*urgence* à la taxe du timbre.

Croyant que nous combattions pour la même cause, je m'adressais à un champion ; c'était la première demande.

M. le marquis donne pour motifs de refus des sacrifices allant à plus de cent mille francs. Je le crois ; mais je ne m'aperçois pas que ces sacrifices aient eu un effet répandu ni un résultat utile. A cet égard, je puis me dire bien au-dessus de lui, car j'ai semé bien plus, j'ai produit beaucoup mieux, et j'en apporte ici la preuve.

Et cet abandon si incroyable, il est général chez MM. les députés envoyés par l'agriculture : le MOI d'abord et en tout. — Simulacre au fond. — Soyons d'abord ministériel, viendra après l'agriculture.—

Eh bien ! ces déceptions si amères, elles ne découragent pás, elles ne font pas désarmer. Et cela est heureux, car alors que l'on n'a pas pu se faire accueillir par sympathie et entraînement, on finit par s'IMPOSER PAR L'ASCENDANT MORAL. Voilà pourquoi M. le marquis d'Andelarre, le paysan en paroles, m'appartient à cette heure ; et les autres le suivront. — Plaise à Dieu que le triomphe des avocats et des harangueurs, sans fond ni convictions, soit arrivé à son terme.....

J'aurais beaucoup à ajouter à ce chapitre. Je m'arrête, ne voulant exposer que ce qui est la MORALE et devant porter son fruit.

Cependant encore ceci : — Messieurs les mandataires de l'agriculture.....

Vous allez consacrer un mois de votre temps si précieux à discuter sur la loi de la presse.....

    « On vous demande pour le journalisme des LIBERTÉS,

    « Moi je vous demande pour la terre du FUMIER. »

Combien de temps m'accorderez-vous?

La liberté de la presse aura ses excès. — Elle fera plus de bien qu'elle n'aura causé de mal. — C'est le fait de toute liberté.

Le fumier, lui n'aura jamais ses excès, il portera toujours ses fruits. Et cependant peut-être allez-vous ne pas vous en occuper..... Mais le pays, que dirait-il ? mais les réélections!....

Les maîtres de la science de l'économie politique en leurs contradictions.

Nous avons toutes raisons pour renouveler ici la critique produite plus haut à l'adresse de MM. les membres de la Société impériale et centrale d'agriculture de France. Pourtant ici point de subvention, point de jetons de présence.

Nous avons fait à ces honorables membres de la secte d'économie politique SOMMATION d'être sérieux en leurs conférences, *au moins une fois par exception.* Et ils ne l'ont pas voulu; ils ont repoussé nos communications ; ils ont refusé de nous entendre en leur discussion *après dîner.*

Nous sommes donc obligés de les prendre à part et de leur redire ici que « des hommes qui se posent comme ils font, en relief, sont des hommes *dangereux, hostiles* à la société, alors qu'ils ne produisent rien, ne s'attachent à rien de sérieux, d'exact; car on rétrograde alors qu'on n'avance pas. »

Justifions, disculpons-nous.

La légion est nombreuse. Nous prendrons à part trois de leurs têtes : 1° Le maître de l'école, Michel Chevalier ; 2° Léonce de Lavergne; 3° Wolowski, tous trois très en relief, connus, etc.

Le premier, Michel Chevalier, s'est entouré d'une auréole de gloire. Il a été l'introducteur du libre échange. Nous ne lui contestons pas tous les mérites de cette œuvre, mais qu'y a-t-il de fait? que reste-t-il à faire? *That is the question.*

Eh bien ! il n'y a qu'un premier pas de fait, une imitation, un emprunt, pour ne pas dire un plagiat.

Que reste-t-il à faire ? Beaucoup. Il y a à aller jusqu'au bout, innover. L'honorable sénateur baron Dupin a montré, preuves en mains, à ce digne maître de l'école qu'il y avait encore 17 pour 100 en moyenne de droits à rayer, et qu'il fallait arriver à niveler en étudiant les moyens propres à ne rien froisser, en adoptant les tempéraments prudents.

Mais il faudrait au moins se prononcer sur la mesure. Nous avons des droits de réciprocité à faire valoir, prévaloir, etc. Certes, ce qui a été franchi a été favorable à la majorité de la nation. C'est une raison pour franchir ce qui reste. Mais le chapitre réciprocité est précieux à conquérir. Or nos vins, nos eaux-de-vie sont frappés de prohibition partout.

Les conquêtes intérieures que nous venons de signaler, que nous réclamons avec autant de force que de raison, sont urgentes et réclament d'éloquents protecteurs.

On sait comment et dans quel intérêt est intervenu le sénateur et journaliste Michel Chevalier dans la question des USINIERS et de M. le préfet de la Seine. Nous n'y reviendrons pas. Pour un économiste de cette taille, c'est un *four,* un gros *four* que celui de se faire le défenseur d'une catégorie qui demande au fond, quoi? UNE EXPROPRIATION BIEN PAYÉE.

En vérité, quand on a été si largement honoré, récompensé pour un commencement d'exécution, alors qu'il reste tant à faire, comment se reposer? Mais c'est flétrir ses lauriers. A l'œuvre donc, monsieur Michel Chevalier, RÉVEILLEZ-VOUS, occupez-vous de ce qui nous occupe, blâmez, critiquez, déchirez, mais apportez votre contingent.

Nous faisons grâce à M. Michel Chevalier de ses échecs en matière de banque.

Ah ! vous avez votre professorat au collége de France. Nous vous y avons entendu, nous vous avons applaudi, mais franchement nous avons regretté qu'après nous avoir reporté aux siècles les plus reculés en nous saturant de l'histoire ancienne, nous rappelant ce bon saint Jean Chrysostome, le premier ermite s'abritant sous un rocher, etc., etc., puis nous traçant les cruautés de ces rois qui faisaient des richesses un si mauvais usage, etc., etc., vous ne vous soyez pas quelque peu rapproché de notre époque, que vous connaissez si bien, vous n'ayez pas jeté un regard sur l'avenir, que vous êtes tant à même de sonder. — Ce que vous avez exprimé ressemble trop à une éloquence de bibliothèque, ce que nous désignons eût été accueilli plus chaleureusement encore.

Ah ! et encore vous avez, avec un grand à-propos, fait intervenir l'OPINION publique, cette maîtresse sûre et patiente... Mais encore ne voyez-vous pas qu'elle se manifeste clairement, avec intelligence et fermeté, pour les réformes que nous venons d'exposer.

Et il n'eût pas été hors de propos que vous la fortifiassiez sur ces points de votre autorité si bien appréciée.

Encore un mot qui nous tient beaucoup au cœur.

« Vous avez entendu l'injure que l'on a fait pleuvoir sur nous du sein du Sénat;
« et votre silence n'a-t-il pas été compromettant pour vos principes, pour vos sectaires?
« Pour nous nous n'avions rien à attendre de vous, mais le PRINCIPE, il est le vôtre,
« et vous l'*avez laissé couvrir de boue !* »

Passons au secord.

L'honorable Léonce de Lavergne est libéral. Il a été libre envers nous, il nous permettra de l'être à son égard.

Nous n'attaquons pas sa haute renommée. Nous lui exposons des faits : FACTA MANENT.

Pourquoi l'honorable académicien, membre de la Société d'agriculture, s'est-il prononcé contre nous sans nous avoir entendu, alors que nous demandions, il y a six ans, l'admission dans la pratique d'un système de réserves en blés, etc. Nous produisions à l'appui de notre thèse un plan complet d'exécution. Ce travail a été jugé remarquable, très-*important*.

M L. de Lavergne a fait prévaloir contre nous cette raison, que la LIBERTÉ qui *venait* de naître SUFFIRAIT à tout, que le Crédit foncier pourvoirait.

Eh bien, on sait ce qu'a produit la liberté... la vente de nos blés à vil prix, au profit de l'étranger, et le rachat par nous, à 150 pour 100 plus cher, aux étrangers. Telles ont été les conséquences des alternatives d'abondance, de disettes qu'a traversées la France depuis 1860. Le Crédit foncier a, par son abstention, provoqué ce résultat CALAMITEUX.

Mais voici qu'après s'être montré si confiant dans le régime de la liberté, M. L. de Lavergne vient réclamer un DROIT PROTECTEUR sur les blés étrangers, c'est-à-dire AFFAMER la nation. Il s'est fait le triste maître de ce parti PROTECTIONISTE, après avoir servi le parti du libéralisme.

Nous voyons encore le même se prononcer pour la suppression des octrois, et laisser debout toutes autres fiscalités. Et son mode de remplacer les octrois a été condamné par ses camarades.

Nous voyons encore le même soutenir cette doctrine fausse, contradictoire, que ce que rapportent les octrois doit être, étant supprimé, reporté sur nos douanes, qui ne produisent que deux cents millions, tandis que les douanes anglaises rapportent six cents millions. Ah! vraiment, que devient le libéralisme de cet économiste?

Mais demandons lui ici sur quels objets il ferait porter cette surcharge de quatre cents millions. Nous attendons avec impatience sa réponse.

Eh quoi, c'est alors que les peuples demandent à fraterniser, à se tendre la main, s'entr'aider, échanger, coopérer, etc., que des hommes de ces réputations, si gâtés par les faveurs expriment de telles pensées. Ah! vraiment, tout s'use et s'use rapidement, prenons garde à nous.

Il nous reste l'honorable professeur au Conservatoire des Arts-et-Métiers, académicien, membre de cette Société d'agriculture, etc., M. Wolowski. Nous serons bref à son égard. Il a toujours voulu nous assommer ; nous le laissons vivre. Mais nous lui demandons comment il entend concilier la marche du progrès avec le STATU QUO à la Banque, qu'il défend à outrance ; comment il entend pratiquer les libertés et se faire le défenseur des OCTROIS, des fiscalités, etc ; pourquoi il est tant et toujours avec ses amis d'Amérique, d'Angleterre, etc. — N'est-il pas toqué de son ami TOOK?

Nous estimons M. Wolowski, Il nous connaît de vieille date. Il est le défenseur acharné du Crédit foncier, dont il réclame la PATERNITÉ. C'est se charger d'un enfant peu généreux et paresseux. — Comment croire encore de bonne foi que le monde agricole peut se contenter d'un terme de 90 jours.....

Nous voulons beaucoup mieux, aller bien au-delà. Que M. Wolowski examine donc, avant de barrer systématiquement et par routine.

Il arrivera à nous, mais trop tard pour sa gloire. Nous faisons grâce aux autres honorables membres de la secte d'économie politique. Ils ne sont pas forts. Nous sommes toujours prêt à comparaître devant eux.

Le très-humble auteur de ce qui précède jugé par le Sénat,
Coram populo.

Le lecteur attentif et sérieux connaît à présent mes sentiments. Il a pu les analyser et en tirer toutes mes pensées intimes. Le STYLE c'est l'HOMME.

Il m'a paru utile de présenter aux appréciateurs de cet ensemble d'idées neuves, hardies, et par cela délicates à traiter, difficiles à résumer, j'ajouterai dignes de bienveillance, d'indulgence même, un jugement qui émane de très haut, puisqu'il est rendu par le Sénat, publié au *Moniteur* du 20 juillet 1867.

M. le sénateur marquis de La Grange s'exprime ainsi :

« M. Gosset, à Paris, adresse au Sénat une pétition imprimée, et déjà envoyée à « l'Empereur, ainsi que plusieurs brochures.

« Il demande l'abolition des octrois, de l'impôt sur le sel et de tous les impôts « indirects. Voici son préambule :... »

Cette brochure dépassant déjà de beaucoup les proportions que je lui avais données d'abord, et ce préambule étant étendu, je ne puis le produire en entier ici.

Du reste, ce préambule se trouve très-exactement dans l'exposé qu'on vient de lire, page 37, et le mettre ici serait un double emploi.

Voici ensuite ce que dit M. le sénateur :

« Je m'arrête, Messieurs les sénateurs... Est-il besoin de vous dé-
« montrer qu'il y a autant d'erreur que de passion dans ces déclama-
« tions ? Est-il nécessaire de vous dire que l'*impôt progressif* sur la
« richesse, paralysant le commerce et l'industrie, réduirait les classes
« ouvrières à l'indigence, et que l'État qui établirait ses finances sur
« des bases semblables non-seulement déchoirait du rang qu'il occupe
« parmi les peuples civilisés, mais deviendrait bientôt la plus pauvre
« de toutes les nations.

« Votre commission, qui ne partage pas les inspirations du pétitionnaire m'a chargé
« de vous présenter l'ordre du jour sur la pétition de M. Gosset. » L'ordre du jour a été
adopté.

Chacun le comprendra, ma surprise a été extrême alors que ce jugement m'a été
signifié.

Il m'a *stupéfié*, toutefois il ne m'a pas indigné.

Ces conclusions, cette interprétation, sont tellement loin de ma pensée, de mes
sentiments, que j'étais loin de les attendre, bien que je fusse accoutumé à ne pas être
gâté par le Sénat.

Je suis heureux de pouvoir m'en expliquer ici froidement, à tête reposée.

Et d'abord, où M. le rapporteur a-t-il vu, reconnu que mon système de réforme
est basé sur l'impôt progressif sur les richesses ? Je mets au défi le plus mal inten-
tionné de trouver cette pensée dans tout ce que j'ai écrit. J'ai repoussé la base de
l'impôt progressif, qui n'est autre qu'une intervention *inquisitoriale*, dans l'état de
situation de chacun.

Ce système serait ceci : compulser tout, caisse, portefeuille, titres, armoires, buf-
fets, écuries, etc. Il évalue tout, il frappe sur tout. C'est la violation du domicile,
c'est la mise à découvert de la vie privée, c'est l'ODIEUX. Il faut avoir perdu la tête
pour me l'attribuer.

Qu'y a-t-il, au contraire, dans mon plan ? Il y a la substitution par droit *direct*
à une charge jusqu'ici *indirecte*. Il y a le connu contre l'inconnu, l'équitable contre
l'arbitraire. Il y a intervention amiable, classification acceptée après débat. Il y a
enfin l'ABONNEMENT.

Comment un homme si haut placé, devant avoir une grande connaissance des
choses d'ici-bas, a-t-il pu voir, *pêcher* là une cause de déconsidération pour la nation, un sujet de ruine pour les industries, un affaiblissement à la rémunération du
salaire, etc., etc. ? En vérité il y a de quoi être confondu, car il y a en moi TOUT LE
CONTRAIRE. Et cela est palpable.

Comment, parce que les industries ne seront plus exercées, parce que les produits
de la terre seraient libres, parce que les barrières aux portes des villes seront abaissées,
il y aurait perte, ruine, décadence !... Ah ! elle est trop forte celle-là pour qu'on la
laisse passer. — Voici ce qui va se produire.

Les entraves cessant, tout étant à découvert, prévu, connu, tout ira de soi. Les
produits augmenteront, la consommation grossira, les sophistications, les ruses, les
empoisonnements lents, mais bien empoisonnements, seront arrêtés naturellement. Le

mcnopole du capital est battu, refoulé, la santé publique, sauvegardée, s'améliore. Les nombreux employés parasites, fainéants, disparaissent. Ce qui coûtait des millions ne coûte plus que quelques cent mille francs, etc.

On voit clair partout, on sonde les choses à fond et par la surface, — chacun est libre et chacun perfectionne. C'est un ensemble de procédés bien perfectionnés à employer, c'est l'honnêteté, la moralité à l'ordre du jour. C'est, en un mot, la fortune publique SAUVEGARDÉE, accrue, c'est l'exemple le plus beau présenté aux nations civilisées. — Ah! monsieur le sénateur, quel service vous nous rendez par votre erreur ou vos sournoiseries!...

Nous voyons bien ce qui a soulevé vos foudres... C'est l'esprit d'ÉGALITÉ, par le *relatif* qui domine dans ce système... Il y a là en effet quelque chose de choquant pour TANT DE PRIVILÉGIÉS par le système actuel, et à cet égard la colonne est renversée. Aujourd'hui ce sont les plus favorisés qui payent le moins, demain ce seront les moins pourvus qui payeront le moins. Et tant est forte l'habitude de cette absurdité que sa rectification irrite ceux qui en profitent.

Il nous sera bien permis de faire ici un peu de personnalité et d'opposer POSITION à POSITION. Nous avons sous la main M. le marquis de La Grange. — Que voyons-nous en lui?

Un homme doué de grandes qualités sans doute, mais aussi un homme favorisé énormément. Il est sénateur. Il est gros propriétaire foncier, il a des rentes, des titres en portefeuille, des diamants, des dentelles pour madame la marquise. Il a hôtel en la capitale, château à la campagne, équipages, chevaux, laquais, concierges *in urbe agrisque*. Il a, etc., etc., etc., et plus encore.

Or, que paye-t-il pour tout cela en ce qui est, ce qui constitue l'*aliment*, ce que nous avons désigné DROIT DE VIVRE. La réponse est facile et péremptoire, il paye ce que paye le plus humble petit marchand, le plus pauvre ouvrier journalier, ayant à sa charge enfants, souvent père et mère infirmes, malades, etc. Que dis-je il paye moins.

M. le marquis est producteur des vins les plus fins et les plus délicats, et il s'en désaltère. Rien de mieux; mais que paye-t-il pour cela? 21 c. par litre à Paris; en son château RIEN. Or, quel est le vin qu'absorbe le travailleur, le petit artisan, le petit rentier? Des vins médiocres, sinon mauvais, plus ou moins frelatés. Et que payent ces consommateurs? 21 centimes par litre. — ÉGALITÉ, mais égalité révoltante.

Combien paye en droits le sucre à l'hôtel ou au château? 50 centimes.

Combien le sucre paye-t-il de droits en la mansarde, à la chaumière? 50 centimes.

Et de même du sel, du combustible, bois, charbon, de la viande, du beurre, des œufs, de la volaille, de l'huile à manger, à *brûler* (le pain de la veillée). Égalité pour tout cela; mais en les qualités, quelle *inégalité*; mais dans le mode d'acheter, quelle *inégalité!* Le riche paye au meilleur marché, le pauvre paye au *plus élevé*.

Mais ce n'est pas tout. M. le marquis se soustrait à tout cela pendant les six à huit mois qu'il passe en son château. Là tout est libre pour lui.

L'ouvrier, le journalier, le petit marchand, payent, eux, tout l'an, à chaque jour. Quelle INÉGALITÉ, quelle révoltante EXCEPTION !

Et alors que le temps des douceurs de la vie de château est passé, alors que les frimats tombent, M. le marquis revient en la capitale. Elle a été en son absence *embellie, transformée*. Elle a des boulevards bien macadamisés, des promenades féeriques, un opéra brillant coûtant 50 millions. Elle a toutes les douceurs, tous les enchantements pour la famille de M. le sénateur-marquis.

Et qu'a apporté cette famille à tous ces enchantements?

Moitié moins que la famille des travailleurs attachés à la glèbe, et qui ne jouissent jamais et en rien de ces avantages, et pour lesquels cette Babylone est toujours une prison, une pestiférée.

Mais voyons donc ce que ce système dénoncé comme si dangereux demanderait à M. le marquis tant honoré, archimillionnaire. Eh bien ! il lui demanderait 75 francs, SOIXANTE-QUINZE FRANCS par tête de sa famille, et comme il n'a pas d'enfants, M. de La Grange payerait pour tous droits sur la vie 150 francs, CENT CINQUANTE FRANCS ! Voilà qui fait tomber cet échafaudage d'accusations. La domesticité qui entoure serait taxée à titre inférieur.

Faisons une comparaison. Une famille des plus intéressantes, recommandable, est en ce moment accablée par la misère par suite de maladie de son chef, ouvrier *ébéniste*. Il y a eu chômage, puis, alitement du père ; la mère et les trois enfants souffrent, etc. Eh bien ! combien cette famille de cinq a-t-elle pour vivre, suffire à tout en temps ordinaire? De 12 à 1,500 francs. Combien paye-t-elle à la fiscalité ? De 300 à 350 francs, soit de 20 à 25 pour 100. Combien payerait cette famille par notre système? Elle serait taxée par abonnement à 15 francs par tête.

Supposons qu'il y ait au domicile, l'hôtel, le château du sénateur-marquis, cinq têtes à 75 francs, cela ferait 375 francs. Il y a en la mansarde, sur le grabat, cinq têtes à 15 francs ; elles payent 75 francs. — Combien ce progressif est généreux, trop GÉNÉREUX !

Ah ! monsieur le marquis, vous ne pourrez pas nier le vrai, le saisissant de ce tableau, vous reconnaîtrez notre indulgence pour votre caste : — vous regretterez vos emportements, vous admirerez notre sagesse, notre modération et nos sentiments élevés. Nous nous arrêtons et disons encore une fois merci, merci à M. le marquis-sénateur. Notre cause est gagnée.

« Mais notre honneur veut que nous saisissions à nouveau le sénat, comme appel
« à SA SENTENCE.

L'économie domestique à l'Assemblée législative.

Les questions *alimentaires*, que nous appelons d'*économie* domestique, sont maltraitées, *estropiées* à la Chambre, alors qu'elles y sont conduites. Pourquoi? Parce qu'elles ne sont ni préparées par les orateurs, ni étudiées par les législateurs.

C'est de Paris que devrait surgir la lumière. C'est de Paris que sort l'erreur, la divagation.

Pourquoi messieurs les députés de Paris sont-ils les représentants des classes moyennes, de celles ouvrières? C'est pour faire de l'opposition d'abord. Puis après pour conquérir les libertés, assurer les journaux, avoir la presse passionnante. Nous savons, nous voyons à ce *jour* qu'à cet égard les électeurs de Paris sont compris, bien servis.

Mais l'intérêt de la vie *à bon marché*, la bonne nutrition, l'économie de la bonne ménagère, de la mère prudente, sont-ils pris en considération, sauvegardés? NON, et nos honorables députés de l'opposition ont, ma foi, bien d'autres soins à sauvegarder.

« De l'effet d'abord, de l'effet oratoire ensuite et de l'effet passionné
« après, Voilà le résumé, leur point culminant.

Comment alors étudier à fond les questions PAIN, viande, octrois, charges, etc? Ils n'en ont pas le temps. Ils résument tout cela par quelques phrases à l'impromptu, se terminant le plus souvent par liberté, LIBERTÉS.

Faut-il leur en vouloir pour cela? Nous le croyons, et nous leur en voulons, nous l'avouons ici.

A cet égard nous les connaissons à fond, nous les avons vus, revus, sollicités, priés, expliqués, éclairés, etc. Et tout cela vainement.

Qu'il nous soit permis de les prendre un peu à parti.

L'honorable E. Picard, quand il a bien voulu nous écouter, nous a tout aussitôt désarmé par son attitude préoccupée, par son air sardonique.

L'honorable J. Simon a ses études, ses livres, ses discours à sentiments. C'est une riche spécialité. Pourquoi lui demander davantage?

L'honorable Eugène Pelletan est à fond de train dans la métaphysique, pourquoi l'en distraire?

L'honorable Émile Ollivier attend qu'il soit fixé sur la nuance qu'il aura adoptée.

L'honorable Darimon est trop l'écolier respectueux du grand Émile, lequel a tout prévu, tout indiqué, et qui ne reste en définitive qu'original, pour se permettre de trancher sur ces points.

Les honorables Havin, Guéroult, sont les plus malheureux esclaves de leurs boutiques à annonces, à réclames, pour qu'ils puissent se prononcer en plein forum. N'ont-ils pas d'ailleurs leurs écorcheurs privilégiés, salariés, les monopoleurs de ces questions, etc.

Le très-honorable et très-écouté Thiers se croit le grand protecteur de l'agriculture depuis qu'il a prouvé que la France, en matière de blé, ne pouvait supporter de concurrence des contrées de l'Orient, cause pour laquelle il a réclamé un droit protecteur, histoire vieille usée, couleur de parti caduc, etc., etc. Après quoi il n'y a rien à demander à l'illustre orateur. Quant au célèbre avocat-académicien Jules Favre, comment le faire descendre des hauteurs célestes pour s'occuper d'économie, du pot-au-feu? Nous l'avons visité cependant, et il est affable, et il dit : « Je *lirai en voiture*..... » Connu!

Il nous reste les deux célébrités de 48. Eh bien, ils ont à placer leurs histoires de la république, à éveiller l'histoire du célèbre Carnot. Donc il n'y a pas à compter sur eux. Et d'ailleurs ils ont placé leur confiance en l'honorable *Glais-Bizoin*, le Gaulois-Breton, l'interrupteur émérite qui s'est chargé de tuer les octrois. Là-dessus il se croit MAÎTRE; nous le voyons dans les brouillards. Nous l'avons prié de nous accorder une petite place dans ses exposés, ne fût-ce que comme point de comparaison. Il n'y a pas consenti, il est *absolu*, c'est généralement en cela que brillent les grands libéraux, les démocrates émérites. Nous nous arrêtons.

Voilà, électeurs de la capitale, foyer des intelligences, ce que sont vos honorés représentants en ce qui est *économie* domestique. Ils vous font briller la POLITIQUE, les LIBERTÉS, leurs journaux, leurs journalistes. Ils vous passionnent l'esprit, mais ils abandonnent la nourriture du corps. En cela ne sont-ils pas fidèles à votre consigne?

L'honorable Granier de Cassagnac a divisé les électeurs en deux parties, les intelligents, les imbéciles. Il a classé dans cette dernière les PAYSANS; vous êtes donc, électeurs de Paris, les intelligents. Je vous en félicite, et j'avoue qu'après l'exposé que je viens de faire de vos *envoyés*, j'ai peine à vous comprendre et à les croire éclairés.

Nous les reprendrons : nous espérons avoir ce courage.

Un organe de publicité tout agricole, abordant tous les points.

CE QU'EST L'AGRICULTURE A L'ÉGARD DE LA PRESSE ACTUELLE.

La banque tout agricole se charge de cette création utile, généreuse. Elle en accepte tous les risques.

Avec son ministère direct, l'agriculture est une GRANDE DAME. Elle a été jusqu'ici dédaignée par la presse. Elle ne connaît pas la presse, l'organe qu'elle va faire surgir de son sein sera une nouveauté, un foyer lumineux qui éclairera, électrisera.

Cette presse sera rédigée par des esprits sérieux, de grands observateurs, des spécialités notables. — Elle sera simple, instructive, pénétrante. Elle sera recherchée par tous, petits et gros, au château et dans les modestes chaumières.

C'est elle qui parlera, répandra les éléments de l'éducation. Elle réunira les forces collectives pour agir, opérer en commun. Elle assurera le bon grain partout. Elle sera la semence qui pénètre l'esprit et qui germe en terre, etc.

Nous donnons plus loin le programme de cette presse.

Nous passons à la presse existante, celle qui nous livre chaque jour sa prose qu'elle nous donne en pâture. Nous dirons *ne insultes miseris*. Non, nous ne voulons pas insulter à ces malheureux, mais nous devons déclarer ce qu'ils sont, et cela se résume en ces deux mots : IMPUISSANTS, INCAPABLES. D'une part ils n'ont pas su, ils n'ont pas pu soulever les sympathies des agriculteurs, ils n'ont pas leur confiance. D'autre part, ils n'ont pas su placer devant eux l'INDÉPENDANCE, sans laquelle l'écrivain se perd, se ravale.

De là rien de sérieux à attendre de la presse qui se dit agricole. Elle est petite, mesquine, elle végète. Elle est à la discrétion de quelques gros propriétaires. Elle ne sait ni ne veut rien prendre de sérieux, de grand. Ses deux ou trois rédacteurs principaux sont bouffis d'orgueil, pleins d'ambition, plats courtisans auprès des autorités. *Misères, misères* encore !

La presse économique, littéraire, ne veut être agricole à aucun degré ; cela ne lui rapporterait rien.

La presse financière est l'ennemie acharnée du monde agricole. Elle voudrait enlever des campagnes le dernier écu pour le lancer dans les bas-fonds de l'agiotage, il lui en resterait quelques parcelles, et il faut qu'elle vive.

La presse politique, la grande presse est, à l'égard de l'agriculture, des intérêts du sol, complétement NULLE. Il faut qu'elle étende sa clientèle, elle doit la passionner, et lui parler agriculture serait trop platonique. Elle a ses rédacteurs monopoleurs, écorcheurs, présentant à faux, se ménageant l'avenir. Ils barbouillent le papier parce qu'ils ont le papier à barbouiller chaque quinzaine. S'ils étaient sérieux, les questions leur échapperaient trop vite. Ils n'auraient pas à faire des phrases creuses.

Depuis quinze ans la grande presse a entrepris ce drainage des capitaux chez l'étranger, dans les tripots. En affamant le pays de capitaux, ils ont affamé le pays de pain. Ils ont été les associés, les complices des agioteurs, des trompeurs, ces grands journalistes qui jouent à la démocratie, au patriotisme. Ils ont mis de côté l'agriculture parce que personne ne les payait pour en dire du bien. Ils la laisseraient végéter s'épuiser, etc.

Nous avons le cœur serré en traçant ce tableau; nous ne l'assombrissons pas; nous pourrions faire ici de tristes révélations, apporter des faits récents, nous nous abstenions; nous nous bornons à vous dire: AGRICULTEURS, PROLÉTAIRES, vous n'avez dans le monde du journalisme que des adversaires, sans exception de ceux qui sont à l'Assemblée législative. Ce sont ceux-là que nous vous dénoncerions les premiers. M. le ministre de l'intérieur l'a bien dit : « Ils ne sont FIDÈLES qu'à leurs INFIDÉLITÉS. Ils font ARGENT de tout, pourvu que cela profite à leur feuille. » Aussi dirons-nous aux électeurs : « Si *vous voulez* être dans la catégorie des *intelligents*, n'envoyez « JAMAIS à la Chambre des écrivains journalistes. Ce dernier avis sort du fond de « notre conscience. Nous irons volontiers devant un tribunal d'honneur. »

J'ai esquissé, très-écourté, ces questions importantes : j'ai posé les points ORGANIQUES qui porteront l'avenir.

Il m'aura fallu pour cela tous les courages, et surtout celui de refouler la modestie, se présentant toujours en première ligne, faire le trancheur. Il m'a fallu ne pas craindre de soulever un peu partout des inimitiés... On m'accusera encore d'être passionné, *violent* même. Que m'importe !.. J'aurai tout sacrifié au bonheur de la patrie, mon dernier mot sera : « TOUT PAR LA NATION — TOUT POUR LA NATION ! »

P. GOSSET.

130, faubourg Poissonnière.

Fini le 25 février 1868.

223 Imprimerie Parisienne, L. BERGER, 26, boulevard Bonne-Nouvelle, impasse Bonne-Nouvelle, 5.

PROGRAMME

D'UN JOURNAL SÉRIEUSEMENT AGRICOLE

RECUEIL TRAITANT LES MATIÈRES ADMINISTRATIVES, LÉGISLATIVES,
DE JURISPRUDENCE, DE FINANCES, D'ÉCONOMIE SOCIALE ET POLITIQUE, AU POINT
DE VUE DES INTÉRÊTS AGRICOLES, INDUSTRIELS, ETC.

« Développer l'esprit, cultiver l'intelligence, élever le cœur, assurer
« l'accroissement de la production, réaliser le développement de la
« consommation, prévoir, prévenir, provoquer les réformes utiles dans
« les traités internationaux, abaisser les tarifs des chemins de fer, rendre
« la navigation générale et gratuite, vulgariser les assurances, aug-
« menter les forces par l'esprit d'association, de corporation.

« Donner de nouvelles bases aux concours régionaux, aux comices,
« aux Sociétés d'agriculture, les rendre accessibles à tous, les démo-
« cratiser par l'indépendance et l'élection. — Reconnaître un point cen-
« tral, une constellation vers laquelle tous rayons viendront converger;
« faire comprendre et aimer la vie rurale, former des syndicats, s'en
« remettre aux arbitrages amiables pour purger les différends.

« Affermir, consolider l'Empire, les institutions sociales en consta-
« tant la prépondérance de l'agriculture, honorer les représentants de
« l'autorité sans se plier sous leur joug, opérer tout directement, à dé-
« couvert, tout pour tous, tous pour tout. »

Et pour assurer le succès de cette publicité *d'intérêt général*, obtenir
de l'État FRANCHISE DE TIMBRE, FRANCHISE POSTALE, à l'égal des *Moniteur*, petit et grand.

La Banque spéciale contribuera dans une très-large proportion aux
frais de ce journal.

Et à ceux qui trouveraient ce programme trop libéral, trop étendu,
nous dirons, comme l'Empereur vient de le dire à la nation : « TOUT
DOIT ÊTRE SACRIFIÉ AU BONHEUR DE LA PATRIE. » Or, point de bonheur pour la patrie s'il n'y a point de splendeur dans l'agriculture.

Tous les hommes de cœur et d'intelligence seront appelés à concou-
rir, participer à la rédaction de cette feuille nationale.

Je la recommande particulièrement à messieurs les députés, qui peuvent et doivent demander et obtenir sa constitution.

Mon mandat se borne à en être l'initiateur, mes travaux, mes démar-
ches m'ayant convaincu de son EXCESSIVE utilité.

P. GOSSET,
Faubourg Poissonnière, 130.

AVIS AU LECTEUR

Cette brochure est adressée à l'Empereur, accompagnée d'une lettre d'un style RESPECTUEUX et *pressant*.

Nul doute que Sa Majesté n'examine par elle-même notre instance. — Et alors elle accueillera nos demandes.

Nous pouvons donc dès à présent, nous préparer à hisser le drapeau de l'agriculture au faîte du PALAIS DE L'ÉLYSÉE-NAPOLÉON.

Rendant hommage à la pensée la plus exacte, la plus grande.

223. Imp. Parisienne L. Berger, 20, boulevard Bonne-Nouvelle, et impasse Bonne-Nouvelle, 5.